Wolfgang J. Friedl

Grundlagen des Brandschutzes

HDT - Fachbuch

Band 2

Wolfgang J. Friedl

Grundlagen des Brandschutzes

Shaker Verlag
Aachen 2008

Bibliografische Information der Deutschen Nationalbibliothek
Die Deutsche Nationalbibliothek verzeichnet diese Publikation in der Deutschen Nationalbibliografie; detaillierte bibliografische Daten sind im Internet über http://dnb.d-nb.de abrufbar.

Printed in Germany.

ISBN 978-3-8322-6638-7
ISSN 1864-1792

Shaker Verlag GmbH • Postfach 101818 • 52018 Aachen
Telefon: 02407 / 95 96 - 0 • Telefax: 02407 / 95 96 - 9
Internet: www.shaker.de • E-Mail: info@shaker.de

Inhalt

Wohltätig ist des Feuers Macht,
Wenn sie der Mensch bezähmt, bewacht,
Und was er bildet, was er schafft,
Das dankt er dieser Himmelskraft;
Doch furchtbar wird die Himmelskraft,
Wenn sie der Fessel sich entrafft,
Einhertritt auf der eig'nen Spur,
Die freie Tochter der Natur.
Wehe, wenn sie losgelassen,
Wachsend ohne Widerstand,
Durch die vollbelebten Gassen
Wälzt den ungeheu'ren Brand.

(zitiert aus Schiller, „Das Lied von der Glocke")

Der Autor

Dr.-Ing. Wolfgang J. Friedl arbeitet seit 1985 als Ingenieur für Sicherheit. Primär ist er im Bereich Brandschutz tätig und zwar in der Ausbildung und Schulung ebenso wie im Bereich der Erstellung von baulichen Brandschutzkonzepten für Sonderbauten. Spezielle weitere Themen sind Einbruchschutzkonzepte, RZ-Sicherheitskonzepte sowie Arbeitsschutz und Kindersicherheit. Friedl ist 1960 geboren, er ist verheiratet und hat 2 Kinder. Er legte in Bayern das Abitur ab, studierte Anfang der 80er Jahre Brandschutz und Arbeitsschutz in Nordrhein-Westfalen und promovierte 1994 nebenberuflich in Sachsen-Anhalt. 1985 hatte er seinen ersten Aufgabenbereich in der Sicherheitsabteilung bei einem Automobilhersteller in Bayern, danach arbeitete er bei einem Chemiekonzern in Portland/ Oregon (USA). Es folgten einige Jahre bei zwei Industrieversicherungskonzernen in den Bereichen Prävention und Schadenbegleichung für industrielle Brände, in denen Friedl weltweit als Regulierer tätig war. Seit 1996 hat er in München sein eigenes Ingenieurbüro für Sicherheitstechnik, mit denen er sich auf die objektive, ganzheitliche sicherheitsbezogene Unternehmensberatung und Mitarbeiterschulung spezialisiert hat; diese Dienstleistungen bietet Friedl deutschland-, europa- und weltweit an. Die primären Aufgabengebiete sind Brandschutzkonzepte, Einbruchschutzkonzepte und der Arbeitsschutz. Friedl veröffentlicht hiermit sein 18. Fachbuch, er hat mehrere 100 Fachartikel verfasst und an vielen Loseblattsammlungen mitgeschrieben. Als Praktiker und Ausbildungsleiter, nicht nur für Brandschutzbeauftragte, kennt er den Brandschutz in Deutschland seit über 2 Jahrzehnten und erscheint dem Verlag deshalb besonders privilegiert, das vorliegende Buch zu verfassen.

1 Vorwort

In Deutschland verlieren täglich ca. 2 Personen im Jahresdurchschnitt durch Brände ihr Leben. Verglichen mit anderen Todesursachen ist das sehr wenig, denn im Straßenverkehr stirbt durchschnittlich etwa alle 80 Minuten eine Person in Deutschland, durch Freitod ca. alle 45 Minuten und durch Rauchen sowie verbunden mit falscher Ernährung ca. 15 Personen pro Stunde. Warum diese emotional bewegenden Zahlen gleich am Anfang? Damit soll gezeigt werden, dass Brandschutz zwar sehr wichtig ist – jeder Brandtote ist genau einer zu viel, aber dass es in unserer Gesellschaft, quantitativ betrachtet, durchaus noch wichtigere Themen im Bereich der Sicherheitstechnik gibt. Die Gesellschaft beschäftigt sich lieber in den Medien wie Radio, TV, Zeitschriften und Zeitungen mit positiven Dingen wie Mode, Unterhaltung sowie tagespolitischen Themen und auch wichtige wie Wirtschaft, Arbeitsplätze usw. Sicherheitstechnische Themen sind meist nicht „schick", verkaufen sich schlecht oder man verdrängt sie, weil man damit nichts zu tun haben will.

Somit ist gezeigt, der Brandschutz ist kein brennendes gesellschaftliches Thema, er wird in den Medien eigentlich nur dann erwähnt, wenn spektakulär ein Gebäude abgebrannt ist (z. B. 1996, Flughafenbrand in Düsseldorf), die Natur besonders vernichtet wird (Kalifornien, Dezember 2007) oder mehrere Menschen gleichzeitig den Tod in den Flammen (Bergbahn in Kaprun, 2002) gefunden haben. Über Schadenursachen, Tipps zur Vermeidung von solchen Ereignissen und zur gesellschaftlichen Bewusstmachung brandschutztechnischer Vorgaben findet man jedoch selten bis nie Informationen.

Sie haben sich mit dem Kauf dieses Buchs für den anderen Weg entschieden und dazu gratulieren Ihnen der Verlag sowie der Autor: Nehmen Sie den Brandschutz ernst, speichern Sie im Hinterkopf die hier im Buch enthaltenen Tipps und geben Sie diese in ihrem Umfeld weiter. Sorgen Sie dafür, dass in Ihrem Bekannten-, Freundes- und Verwandtenkreis niemand unverschuldet und uninformiert Opfer eines Brands wird und erklären Sie gerade auch kleinen Kindern rechtzeitig die Brandgefahren. Mit dieser interessanten wie informativen Ausarbeitung helfen wir Ihnen dabei.

Der Verlag und der Autor im Januar 2008

2 Einleitung

Brandschutz ist nicht alles im Leben, aber ohne Brandschutz ist alles nichts. Man stelle sich nur vor, abends von der Arbeit heimzukommen und vor einer ausgebrannten Wohnung zu stehen: Alles ist vernichtet durch Rauch, Flammen, Hitze oder Löschwasser, selbst die Versicherungsakten sind – da man sie nicht dupliziert und anderswo ausgelagert hat, vernichtet. Oder man kommt morgens zu seinem Arbeitsplatz und der ist nicht mehr vorhanden, ebenso wenig wie die Firma – weil alles abgebrannt ist. Beides ist eine private und wirtschaftliche Katastrophe, aber beides ist real, passiert regelmäßig. Und allzu häufig wäre erstens der Schadeneintritt und zweitens das Schadenausmaß zu verhindern oder zumindest zu begrenzen gewesen, wenn man sich an geltende Vorschriften (die man natürlich kennen muss) gehalten hätte, oder aber wenn man einfach nur mit etwas Vorsicht und Sorgfalt gehandelt hätte. Gedanken an brandschutztechnische Vorgaben müssen ständig im Hinterkopf eines Menschen arbeiten, so wie das auch in anderen Lebensbereichen mit der Sicherheit ist; auszugsweise sei genannt:

- Beim Autofahren konzentriert man sich ständig auf die Verkehrssicherheit
- Als verantwortungsvolle Eltern versucht man, seine Kinder altersgerecht auf Gefahren vorzubereiten und diese von ihnen abzuhalten
- Bei unterschiedlichen Sportarten ist der Gedanke an die eigene Sicherheit im Vordergrund
- Wer fremde Länder bereist, informiert sich über Verhaltensweisen und Gefahren, lässt sich Schutzimpfungen geben, usw.

Genauso selbstverständlich sollte es sein – zumindest ab jetzt für den selbstbewussten Leser dieses Buchs, sich beim Betreten von Gebäuden immer zu überlegen, wohin er geht, wenn es brennt, wie er das Gebäude verlassen oder auch alternativ verlassen kann, wie die Feuerwehr gerufen werden kann, wo Feuerlöscher und/oder Wandhydranten angebracht sind, ob man andere noch warnen oder gar retten kann bzw. muss usw.

Vieles im Brandschutz ist elementar wichtig und doch trivial. Umso wichtiger, diese Informationen **vor** einem Brand zu erhalten, um sie dann verzögerungsfrei anwenden zu können – wer sich erst bei einem Brandausbruch informiert, handelt meist uneffektiv und zu spät.

3 Grundlagen zum Brandschutz: Brennen und Löschen

Warum brennen Stoffe? Tatsache ist, dass unter Wärmezufuhr die meisten Stoffe, selbst nichtbrennbare, zerstört werden können. Brennbare Gegenstände beginnen zu brennen, wenn man die dafür nötige Mindestzündenergie zuführt. So kann man beispielsweise einen dicken Holzbalken nicht mit einem Feuerzeug entzünden, die Zündenergie ist zu gering; man kann ihn höchstens schwärzen und dadurch beschädigen. Aber nichtbrennbare Gegenstände wie Glas und Stahl und sogar Beton- und Ziegelwände können durch ausreichend große und ausreichend lange Energiezufuhr zerstört werden. Die brennbaren Gegenstände werden nach der DIN 4102 in schwerentflammbare, normalentflammbare und leichtentflammbare eingeteilt:

- Schwerentflammbar bedeutet, dass man mehr Zündenergie zuführen muss, als dies von einem Feuerzeug oder einem Zündholz ausgeht, also beispielsweise von einem Gasbrenner, und dies über längere Zeit (> 10 Sekunden), bevor der Gegenstand langsam beginnen darf anzubrennen. Die Flammenausbreitungsgeschwindigkeit ist gering und bei Wegnahme der Zündquelle muss der Gegenstand dann von selbst wieder erlöschen, so lange er Raumtemperatur hat (ist er bereits heiß, darf er weiter brennen)
- Normalentflammbar bedeutet, dass man ebenfalls mehr Zündenergie zuführen muss, als sie von einem Feuerzeug oder einem Zündholz ausgeht, also z. B. einem Bunsenbrenner, einer Schweißflamme oder einem Propan-/Butan-Gasgrill. Der Gegenstand beginnt zu brennen und bei Wegnahme der Zündflamme darf der Gegenstand weiter abbrennen
- Leichtentflammbar bedeutet, dass man einen Gegenstand in wenigen Sekunden mittels Zündholz oder Feuerzeug entzünden kann und dass dieser Gegenstand dann selbständig und

relativ zügig weiter abbrennt, bis alle Brandlasten verbrannt sind

- Dann gibt es noch die Einstufung in die Klasse „nichtbrennbar“. Man darf aber diesen Begriff nicht mit „nicht zerstörbar“ verwechseln, das wäre eine trügerische Scheinsicherheit
- Darüber hinaus gibt es sowohl bei den brennbaren, wie auch bei den nichtbrennbaren Gegenständen solche, die einen definierten Feuerangriff aus- und abhalten können für z. B. 30, 60, 90 oder mehr Minuten. Diese Bauteile erhalten dann die Bezeichnung „feuerhemmend“, „hochfeuerhemmend“ oder „feuerbeständig“ und halten Feuerangriffe, die ein vorgegebenes Maß nicht übersteigen, für mindestens die angegebene Zeitspanne aus bzw. ab

Ein und derselbe Stoff kann sowohl als schwer-, normal- und leichtentzündlich eingestuft werden: Es kommt stark auf die Relation oder Oberfläche zum Volumen an sowie auf die Temperatur. Holz als Klotz ist schwerentflammbar; Holz als dünn gesägte Platte ist normalentflammbar und Holzwolle ist leichtentflammbar. Holzstaub kann im aufgewirbelten und gezündeten Zustand sogar explosiv sein und der schwerentflammbare Holzklotz ist im erwärmten Zustand als normalentflammbar und im heißen Zustand als leichtentflammbar einzustufen – wenn er über 300 °C hat, wird er sogar selbstentzündlich.

Wie Gegenstände brennen, das wird unter den sogenannten „Normalbedingungen“ geprüft und das sind die nachfolgenden Punkte:

1. Raumtemperatur und Temperatur des zu prüfenden Gegenstands (21 °C). Wenn Gegenstände heißer sind, brennen sie schneller ab und benötigen weniger Zündenergie. Ab bestimmten Temperaturen werden alle brennbaren Gegenstände sogar selbstentzündlich

2. Normale Sauerstoffkonzentration im Raum (21 Vol.-% Sauerstoff = O_2). Wird die Sauerstoffkonzentration lediglich auf 30 % erhöht, so ist die Abbrandgeschwindigkeit schon wesentlich schneller, die nötige Zündenergie niedriger und die Verbrennungswärme ebenfalls höher. Bei 100 % Sauerstoffgehalt, z. B. wenn man sich reinen Sauerstoff in die Kleidung bläst (bei hohen Strafen verboten!) kann man sich aufgrund Elektrostatik entzünden und binnen Sekunden wie eine in Benzin getauchte Fackel tödlich abbrennen

3. Geringe bis keine Wärmestrahlung im Raum (gemessen in W/m^2), wie sie z. B. von der Sonne oder einem Katalysator, einem glühenden Auspuffrohr oder einer heißen Herdplatte ausgeht. Die durch ein Brennglas fokussierten Sonnenstrahlen können heiß genug werden, um Papier oder trockenes Gras zum Entzünden zu bringen

4. Kaum Windgeschwindigkeit (gemessen in m/s) im Prüfraum. Ein kleiner Brand kann sich schneller auf andere Gegenstände ausbreiten, wenn der Wind stark bläst

5. Übliche bzw. normale Luftfeuchtigkeit (gemessen in % relative Feuchte, d. h. in Relation zur Raumtemperatur). Bei nahe 0 % Luftfeuchte brennen Gegenstände schneller und leichter als bei nahe 100 % relativer Feuchte

6. Normaler Luftdruck (gemessen in hPa). Wird in einem Raum oder einem Reaktorkessel der Druck erhöht, können sich Gegenstände brandschutztechnisch wesentlich leichter entzünden und schneller abbrennen (Beispiel: Dieseltreibstoff wird ab einem Druck von ca. 20 : 1 im Zylinder explosiv, es wird keine weitere Zündung wie bei einem Ottomotor die elektrische Zündung mittels Zündkerze mehr benötigt)

7. „Normale“ Relation der Oberfläche zum Volumen des zu prüfenden Gegenstands; hierzu als Beispiel Kunststoffe: Ein Würfel ist schwerentflammbar, eine dickere Folie normalentflammbar, eine dünne leichtentflammbar; aufgewirbelte Stäube (ab ca. 30 g/m³) sind sogar explosiv, wenn sie z. B. durch elektrostatische Aufladung entzündet werden – analog dem eben genannten Beispiel mit dem Holz. Es ist relativ egal, welchen Staub man nimmt, selbst ein nichtbrennbarer Stoff wie Mehl kann explosiv werden, wenn er aufgewirbelt wird – nur einige wenige Stoffe sind inert, d. h. sie reagieren nicht

Wenn man also eine Bezeichnung wie schwer-, normal- oder leichtentflammbar auf einem Baustoff liest, so kommt es immer noch auf die 7 eben aufgeführten Punkte an, denn unter Umständen brennt der Stoff schneller, benötigt weniger Zündenergie oder er wird brandschutztechnisch betrachtet harmloser. Brände weiten sich durch drei Dinge in einem Raum oder auch im Freien auf andere brennbare Gegenstände aus:

- Wärmeleitung: Das hierzu nötige Medium ist wärmeleitend, meist ist es Metall. Die Wärmeleitung findet in großen Industriehallen durch die metallene Stahlkonstruktion oder durch metallene Krananlagen statt, in Büros oder in Wohnbereichen hat die Wärmeleitung keine besondere Bedeutung im Brandfall. Über diese Metalle kann sich die Brandwärme, da Metalle schlecht isolieren und somit gut Wärme leiten, schnell ausbreiten und auf brennbare Gegenstände übertragen werden
- Wärmeströmung, oder auch Konvektion genannt: Das hierzu nötige Medium ist die normale Luft. Man spürt die Wärmeströmung gut, wenn man seine Hand ca. 15 cm über eine brennende Kerze hält – die Hitze ist stark, man hält diese Stellung nur wenige Sekunden aus. Anders ist es, wenn man sich mit

einem Finger seitlich an die Flamme nähert, hier kann man auf ca. 1 cm heran kommen, ohne die Temperatur zu spüren. Das belegt sehr gut, wie die Brandhitze durch die Luft nach oben abgegeben wird und nicht seitlich. Deshalb ist in einem brennenden Raum auch die Temperatur am Boden oft nicht höher als 30 bis 40 °C, an der Decke jedoch 300 bis über 500 °C – und das alles bei einer Raumhöhe von unter 3 Meter! Die Wärmeströmung ist immer eine der Hauptursachen von Brandvergrößerungen und dies weitgehend unabhängig vom Raum, in dem es brennt.

- Wärmestrahlung geht von jedem Feuer und von jedem Gegenstand aus – je wärmer er ist, umso mehr Wärmestrahlung (Watt/m²). Es ist anders als bei der Wärmeleitung oder der Wärmeströmung kein Medium wie Metalle oder Luft zum Übertragen nötig, denn die Wärmestrahlung geht sowohl durch die Luft, als auch durch luftleeren Raum (Beispiel: Die Sonnenstrahlen gehen über viele 100.000 km zur Erde und können dort Brände entfachen, wenn das Licht an einem Tautropfen oder einer Glasscherbe fokussiert auf leichtentflammbare Gegenstände gebracht wird).

3.1 Physikalisch-chemische Vorgänge

Wenn Gegenstände erwärmt werden, beispielsweise ein Stück Papier auf der Herdplatte, dann wird ihnen so viel Energie zugeführt, dass sie ihre physikalischen Eigenschaften verändern. Stabile Kunststoffe werden ebenso wie hartes Wachs weich und die Gegenstände gasen aus. Die hierbei abgegebenen Dämpfe nennt man Pyrolysegase, diese Gase sind brennbar und unter ungünstigen Randbedingungen brennen sie sogar explosiv ab. Nachdem einem brennbaren Gegenstand die sogenannte Aktivierungs- bzw. Zündenergie zugeführt wird, beginnt er unter Sauerstoffzufuhr zu brennen, weitere Energiezufuhr ist dafür nicht nötig. Die Stoffe verbrennen, es entstehen beispielsweise Oxide unter Sauerstoffaufnahme und die physikalisch-technischen Eigenschaften verändern sich: Feste Stoffe werden weich und zerstört, die physikalische Struktur ist nicht mehr gegeben. Diesen Verbrennungsvorgang kann man unterbrechen durch Wärmeentzug oder der Unterbrechung der Sauerstoff-Zufuhr, wie es im Kapitel 3.3 näher beschrieben wird.

Bei einem Raumbrand brennen viele und völlig unterschiedliche Stoffe (Holztüren, Teppichboden, Tapeten, Polstermöbel, Vorhangstoffe, völlig unterschiedliche Kunststoffe) und dies meist unter Anteilnahme von zu wenig Sauerstoff – was verbrennungstechnisch ungünstig ist, da hierbei besonders viele giftige Stoffe zusätzlich entstehen. Bei Raumbränden – unabhängig ob im Schlafzimmer, im Wohnzimmer, in der Küche, im Büro, in einer Werkstatt oder in einem Lager – entstehen immer viele gefährliche, gesundheitsschädigende, sauerstoffverdrängende, toxische und/oder korrosive Gase wie Kohlendioxid [CO_2], das schnell tödlich wirkende Kohlenmonoxid [CO], Blausäure [HCN], viele und unterschiedliche nitrose Gase [$(NO)_x$], Ammoniak [NH_3], die stark korrosiv wirkende Salzsäure [HCl], Schwefeldioxid [SO_2], Isocyanate [R-N=C=O] oder Acrolein [CH_2=CHCHO] und noch viele weitere Stoffe; meist ist bereits „nur“ das CO tödlich, die anderen Stoffe beschleunigen das exorbitant.

Dieses Grundlagenbuch über Brandschutz soll kein physikalisch-wissenschaftliches, theoretisches Werk für Studenten der Chemie oder der Ingenieurwissenschaften sein, sondern grundsätzlich jedem den praxisbezogenen Einstieg in den Brandschutz ermöglichen. Deshalb wird auch dieses Unterkapitel nicht unnötig aufgebläht. Dennoch soll am Beispiel eines Metalls (Magnesium = Mg) gezeigt werden, wie auch Leichtmetalle brennen oder gar explodieren können und dies soll mit einfachen chemischen Reaktionsgleichungen belegt werden:

- Mg überzieht sich an normaler (d. h. feuchter) Luft mit einem Oxid, es reagiert mit dem Sauerstoff: $2\ Mg + O_2 \rightarrow 2MgO$
- Wenn man zu Mg-Pulver flüssigen Sauerstoff hinzu führt, detoniert das Magnesium; eine Detonation ist im Vergleich zu einer Explosion eine so heftige chemische Reaktion, dass sich eine Druckwelle mit Überschallgeschwindigkeit aufbaut. Salopp gesagt ist eine Detonation eine besonders heftige Explosion mit extremer Hitzeentwicklung und stark zerstörerischer Druckwelle
- Mg reagiert u. a. auch mit Chlor und Fluor
- Mg brennt bzw. detoniert nicht nur in Luft bzw. Sauerstoff, sondern auch in Kohlenmonoxid (CO), Kohlendioxid ($2\ Mg + CO_2 \rightarrow C + 2MgO$), Stickstoffmonoxid (NO) und Schwefeldioxid (SO_2)
- Magnesium reagiert mit Wasser: $MgO + H_2O \rightarrow Mg(OH)_2$
- Brennendes Mg in Wasser eingebracht bringt eine Explosion, weil die Hitze des Brands das Wasser (= H_2O) in Wasserstoff und Sauerstoff zerlegt; der Wasserstoff ist brennbar bzw. ex-

plosiv und der Sauerstoff unterstützt die Explosion noch, d. h. es brennt noch extremer/heftiger als in Luft: $Mg + H_2O \rightarrow MgO + H_2$

- Ebenfalls reagiert brennendes Mg, wenn es in reinen Stickstoff eingebracht wird wie folgt: $3\ Mg + N_2 \rightarrow Mg_3N_2$

3.2 Brände erschweren

Wenn man nun weiß, dass Gegenstände immer dann brennen (oder gar explodieren), wenn sie grundlegend brennbar sind und ausreichend lange einer ausreichend hohen Zündenergie ausgesetzt werden, so wird schnell ersichtlich, wie man Brände verhindern kann: Indem man Brandlasten und deren potentielle Zündquellen räumlich und zeitlich voneinander entfernt hält (vgl. nachfolgendes Foto). Dies ist nun leichter ausgesprochen als es dann in der Praxis umgesetzt wird, aber es ist grundsätzlich machbar.

Man sollte man sich je Raum oder Nutzungseinheit eine Liste machen mit möglichen Zündquellen und anschließend eine Klassifizierung der Brandlasten vornehmen. Zundquellen sind:

- Erst mal gänzlich zu erfassen
- Manche müssen entfernt werden von allzu leichtentzündlichen Gegenständen (etwa die Kaffeemaschine vom Vorhang)
- Sie sind räumlich zu trennen von Gegenständen, die sie entzünden können
- Man kann sie auch kapseln, d. h. nichtbrennbare Bauteile oder Trennwände zwischen Brandlasten und Zündquellen anbringen
- Zündquellen wie z. B. Schaltschränke kann man auch mit Rauchmeldern oder Thermomeldern überwachen, um frühest möglich eine gefährliche Situation gemeldet zu bekommen (dies macht nur dann Sinn, wenn auch schnell geeignete Interventionskräfte wie z. B. Werkschutz oder Feuerwehr vor Ort sind)
- Ggf. kann man auch eine automatische Brandlöschanlage anbringen (mit dem Löschmittel Wasser oder Kohlendioxid oder einem anderen Löschgas, mit Pulver oder Schaum)

- Grundsätzlich gut ist es immer, wenn man vorhandene Zündquellen minimiert, denn je weniger Zündquellen vorhanden sind, umso geringer ist die Brandgefahr
- Manche Zündquellen können auch substituiert werden durch Geräte oder Arbeitsverfahren, von denen brandschutztechnisch weniger oder keine Brand- bzw. Zündgefahr ausgehen
- Manche Zündquellen betreibt man auch nur unter personeller Aufsicht, damit ein Entstehungsbrand nicht unentdeckt bleibt und sofort gelöscht werden kann

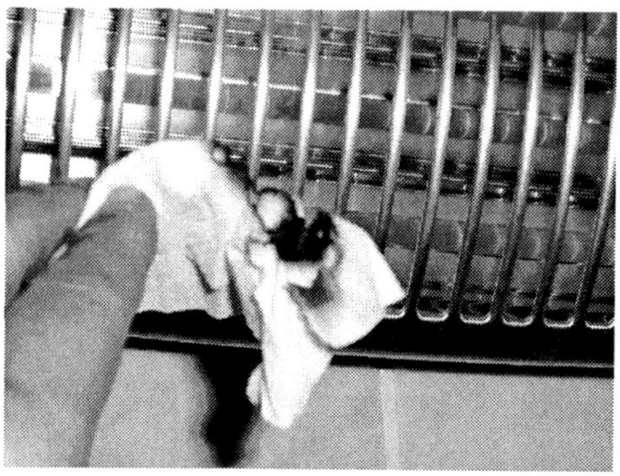

Wenn brennbare Gegenstände an Zündquellen geraten, ist ein Feuer nur noch eine Frage der Zeit.

Analog den Zündquellen geht man auch mit den Brandlasten vor:

- Erkennen aller Brandlasten, auch versteckter Brandlasten wie Staub, Isolationsmaterial in Decken und hinter Wandverkleidungen usw.
- Erfassen aller gefundenen Brandlasten
- Klassifizieren bzw. Einstufen der Brandlasten in schwer-, normal- und leichtentflammbar
- Räumlich-vertikal „vernünftige" Lagerung, d. h. leichtentflammbare Gegenstände möglichst weit unten lagern (da es dort im Brandfall kühler bleibt, brennen diese Gegenstände 1

oder 2 m höher wesentlich früher)

- Brandlasten können oft auch minimiert werden: Ist es wirklich nötig, in einem bestimmten Raum so viele Brandlasten aufzubewahren, oder könnte man diese nicht in einem separaten Lager mit wenig bis keine Zündquellen aufbewahren?
- Manche Brandlasten können ersatzlos entfernt werden wie Abfall oder andere nicht mehr benötigte Gegenstände
- Genauso wie Zündquellen können Brandlasten räumlich von den Zündquellen entfernt bzw. getrennt werden
- Brennbare feste Stoffe sind von brennbaren Flüssigkeiten und auch von brennbaren Gasen jeweils getrennt zu lagern, damit ein Brand in einem Bereich sich nicht schädigend auf andere auswirken kann (gesetzliche Forderung, u. a. lt. den verschiedenen Technischen Regeln brennbarer Flüssigkeiten und Gase)
- Günstig ist es grundsätzlich, wenn Brandlasten gekapselt sind, z. B. in nichtbrennbaren Metallschränken
- Brandlasten gehören in eigene Lager, wo es vertretbar wenige Zündquellen gibt
- Gabelstapler-Ladestation gehören aus diesem Grund in eigene Räumlichkeiten, damit sie im Brandfall, bedingt durch technische oder elektrische Defekte, keinen Lagerbrand auslösen können (vgl. nachfolgendes Bild)
- Brandlasten gehören überwacht (Brandmeldeanlage)
- Besonders viele Brandlasten und/oder wertvolle gehören mit einer automatischen Brandlöschanlage geschützt
- Manche Brandlasten, die besonders leicht entzündlich sind, lassen sich durch alternative Arbeitsstoffe substituieren, die harmlosere Eigenschaften besitzen (z. B. Verpackungsmaterialien, Dämmschichten an Gebäuden, Reinigungsmaterialien, ...)

Die Feuerversicherer fordern Abstände von Ladestationen zu Brandlasten mit einem Radius von ≥ 2,5 m, d. h. hier liegt eine akute Brandgefährdung vor

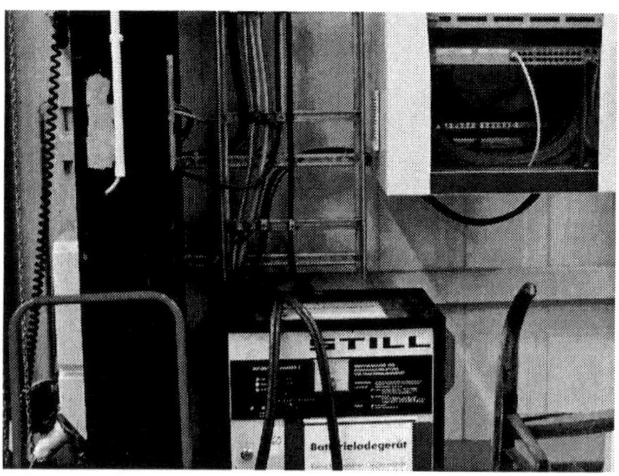

Auch solche Verkabelungen dürfen nicht ungeschützt an, neben oder über Ladegeräten verlegt sein

3.3 Brände löschen

Wenn man das erste Schutzziel des Brandschutzes nicht erreicht hat, nämlich die Entstehung eines Brands zu vermeiden, dann hat man als nächstes zwei weitere Schutzziele (neben dem ständigen Ziel, unverletzt am Leben zu bleiben): Den Brand an seiner selbständigen Ausbreitung zu hindern und ihn schnell, effektiv und mit möglichst wenig Löschschäden zu löschen. Brände benötigen im Gegensatz zu einer Glut Sauerstoff, um am Leben zu bleiben. Und Brände benötigen eine ausreichend hohe Temperatur, um weiter zu brennen. Nimmt man den Sauerstoff weg, etwa durch die Hinzugabe von Kohlendioxid, geht ein Feuer aus – allerdings kann die Glut damit nicht gelöscht werden und der Brand kann nach dem Abzug des Löschgases und dem erneuten Kontaktieren mit Luftsauerstoff wieder entstehen. Oder man gibt Wasser hinzu und kühlt den brennenden Gegenstand so weit ab, dass die chemische exotherme Reaktion des Verbrennens nicht mehr stattfinden kann.

Zum Löschen gibt es grundsätzlich zwei Möglichkeiten: Entweder man löscht selbst, oder man ruft professionelle Hilfe (Feuerwehr). Wenn man selbst löscht, stehen grundsätzlich folgende Löschmöglichkeiten zur Auswahl:

- Handfeuerlöscher mit Wasser
- Handfeuerlöscher mit Schaum
- Handfeuerlöscher mit Kohlendioxid (= CO_2 und nicht Kohlensäure = H_2CO_3, wie häufig falsch behauptet wird)
- Handfeuerlöscher mit unterschiedlichen Pulvern (ABC, BC, D)
- Wasser aus der Leitung, aufgebracht mit einem Schlauch (Gartenschlauch, Reinigungsschlauch, Wandhydrant, C-Schlauch)

- Kübelspritzen
- Baumspritzen, die in Wasser gelöstes Ungeziefermittel mittels feinem Sprühstrahl aufbringen (zum löschen ohne Zusatzmittel)
- Löschdecken
- Sand
- Abdecken mit einer Decke, einem Vorhang oder einer Zeitung, um die Sauerstoffzufuhr zu unterbinden (Gefahr des Entzündens des abdeckenden Gegenstands)
- Lösch-Spraydosen (hier gibt es gute und gefährliche)
- Zementpulver

Handfeuerlöscher gibt es mit Füllmengen von 1 kg bis 12 kg; die schwersten Geräte dürfen incl. Füllung bis zu 20 kg wiegen, was für viele Menschen einen Löscheinsatz erschwert. Löscher mit weniger als 5 kg bzw. 5 l sind meist nicht empfehlenswert, weil sie zu wenig Löschmittel beinhalten. Darüber hinaus gibt es noch sog. Fettbrandlöscher, Wasserlöscher mit Zuschlagmittel (um nicht bei 0 °C zu gefrieren) und auch Hochdruck-Wasserlöscher. Manche Firmen bieten auch Gel-Löscher oder solche mit besonderen Kunststoffmischungen an. Seit Jahrzehnten bewährt jedoch haben sich Löscher mit Wasser, Schaum, Kohlendioxid und für Ausnahmebereiche auch Pulver.

Handfeuerlöscher sind entweder minderwertige Dauerdrucklöscher oder hochwertige Aufladelöscher. Von Dauerdrucklöschern wird abgeraten, weil deren Prüfaufwand sehr teuer und aufwändig ist und deren Zuverlässigkeit eher als bedenklich eingestuft werden kann. Aufladelöscher sind teurer, aber wesentlich zuverlässiger und lediglich über Fachgeschäfte zu beziehen. Grundsätzlich sind Handfeuerlöscher alle 2 Jahre zu prüfen und auch hier sollte man darauf achten, dass dies von soliden Personen durchgeführt wird.

Nicht jedes Löschmittel ist für jede Art von Brand geeignet; es können folgende Gegenstände brennen:

- Feste Stoffe wie Holz, Papier, Textilien, Autoreifen (Brandklasse A)
- Flüssige Stoffe und flüssig werdende Stoffe wie Benzin, Alkohol, Kunststoffe, Kerzenwachs (Brandklasse B)
- Gasförmige Stoffe wie Wasserstoff, Methan, Propan, Butan usw. (Brandklasse C)
- Brennbare Metalle wie Aluminium, Magnesium, Lithium usw. (Brandklasse D)
- Brennende Fette wie Friteusenfett, Pfannenbrände (Brandklasse F)

Das nachfolgende Foto zeigt beeindruckend, wie stark lediglich heißes (d. h. noch nicht entzündetes) Fett wird, wenn man 20 °C warmes Wasser einführt: Das Wasser reißt das Fett hoch, dieses verteilt sich fein und entzündet sich aufgrund seiner Eigentemperatur, ohne dass dafür weitere Zündenergie nötig ist. Menschenleben sind in mehreren Metern Radius akut gefährdet.

0,1 l Wasser wurde in 1,5 l ca. 260 °C heißes, aber nicht brennendes, Fett geschüttet, das dadurch sich selbst entzündet hat.

Früher gab es außerdem noch die Brandklasse E für elektrische Anlagen; diese durchaus sinnvolle Brandklasse wurde jedoch ersatzlos gestrichen. Vor wenigen Jahren wurde die neue Brandklasse F (Fettbrandlöscher) eingeführt, die in die Brandklasse B grundsätzlich enthalten war – allerdings haben F-Löscher bessere Löscheigenschaften bei Friteusen- und Pfannenbrände wie B-Löscher. Je nachdem, was brennt, kann das jeweilige Löschmittel gut und effektiv sein, oder es ist uneffektiv – oder es ist hoch gefährlich für alle beteiligten Personen. Deshalb kann man auch grundsätzlich nicht von einem guten oder schlechten Löschmittel sprechen; es kommt eben immer darauf an, was brennt.

Wasser ist für Feststoffbrände grundsätzlich immer gut geeignet. Wasser kann besonders viel Energie aufnehmen, es ist deshalb besonders gut geeignet, brennende Gegenstände schnell abzukühlen. Wasser hat eine spezifische Wärmekapazität von 4,19 kJ/(kg · K) wohingegen Stahl beispielsweise lediglich einen Wert von 0,47 kJ/(kg · K) hat. Dies bedeutet, dass 1 l Wasser mehr Wärmeenergie aufnehmen kann als 8 kg Stahl! Die große Wärmeenergie entzieht Wasser dem brennbaren Stoff dabei nicht bei seiner Erwärmung, sondern bei der Änderung des Aggregatszustands von flüssig zu dampfförmig (ca. bei 100 °C).

Bei elektrischen Anlagen ist Wasser ebenfalls effektiv, ohne für die beteiligten Personen grundsätzlich eine Gefahr darzustellen. Wasserlöscher sind bis 1.000 Volt zugelassen, wo hingegen man im Haushalt ohnehin lediglich 230 Volt oder 400 Volt hat; sie werden jedoch bis 30.000 Volt getestet, um dann für 1.000 Volt zugelassen zu werden. Man sieht hier, dass sehr viele Sicherheitspuffer eingebaut wurden. Wasser bei brennenden Fetten jedoch ist hochgradig gefährlich für alle Menschen im Radius von einigen Metern, da das Wasser schwerer ist als das Fett und sich am Topf absenkt. Dort wird es binnen Sekunden auf über 100 °C erwärmt, was den Übergang vom flüssigen Aggregatszustand in den gasförmigen Aggregatszustand mit sich bringt. Dabei dehnt sich das Wasser um den Faktor 1 zu 1.680 aus, d. h. aus einem Liter Wasser wird binnen Sekunden ein Volumen von ca. 1,7 m^3; dabei wird das heiße, brennende Fett heraus gerissen und es verändert aufgrund der sprengenden Wirkung des Wassers seine Relation Oberfläche zu Volumen: Die jetzt feinen, heißen Fett-Tröpfchen entzünden sich alle gleichzeitig und das führt zu einer Explosion. Dies kann sogar passieren, wenn das Fett noch gar nicht brennt (vgl. das vorangegangene Foto). Viele Menschen, die in Küchen oder Kantinen arbeiten, verletzen, entstellen oder töten sich so jedes Jahr.

Bringt man Wasser auf brennende Metalle – diese brennen nicht wie „normale" Stoffe mit ca. 800 °C, sondern mit weit über 3.000 °C so tritt nicht der kühlende Effekt des Wassers auf, denn Wasser hat grundsätzlich einen sehr hohe Wärmekapazität, sondern das Wasser wird in seine beiden Bestandteile, die Gase Wasserstoff (brennbar bzw. explosiv) und Sauerstoff (stark brandfördernd) zerlegt. Diese beiden Gase unterstützen dann den Brand derart, dass es nicht zum Löschen, sondern zu einer Explosion kommt.

Schaumlöscher sind für Feststoffbrände ebenso gut geeignet wie für Brände von Flüssigkeiten; somit decken die Schaumlöscher mehr Bereiche als konventionelle Wasserlöscher ab. Der Schaum ist für Gegenstände und für Menschen grundsätzlich harmlos. Verständlicherweise sind Schaumlöscher bei Bränden an und in Elektrogeräten ebenso wie Wasserlöscher mit hoher Wahrscheinlichkeit uneffektiv und durch diese Löschmittel werden am/im Gerät weitere Schäden auftreten; hier kann es effektiver sein, den Stecker zu ziehen oder die Sicherung heraus zu nehmen, damit ist oft schon das Feuer oder der entstehende

Brand gelöscht.

Löscher mit Kohlendioxid sind für Brände an und in elektrischen und elektronischen Geräten und Anlagen besonders gut, weil sie keine zusätzlichen Schäden anrichten. Das Löschgas CO_2 tritt mit –78 °C aus und würde bei dieser Temperatur der menschlichen Haut großen Schaden (Erfrierungen) zufügen – etwa so, wie eine Gasflamme mit über 1.000 °C. Deshalb muss man, sollte ein Mensch brennen, besonders vorsichtig sein und genügend Abstand (nicht unter 1 m) einhalten; hierbei ist besonders darauf zu achten, dass man das Löschgas nicht direkt auf die Haut oder ins Gesicht bekommt, denn das Einatmen ist natürlich ebenfalls gefährlich.

Pulverlöscher decken meist die Brandklassen A, B und C ab und sie sind somit besonders breit einzusetzen. Das Löschpulver ist für Menschen und die Natur auch nicht schädlich, es darf sogar als Düngemittel verwendet werden. Allerdings reagiert das feine Pulver mit Luftfeuchtigkeit auf metallenen Oberflächen und Platinen und zerstört diese binnen Wochen. Da das Pulver sehr fein ist, verteilt es sich im gesamten Raum, dringt in jedes Gerät ein, lagert sich in abgehängten Decken an und kann auch weit entfernt vom Einsatzort noch Schäden anrichten, auch in angrenzenden Räumlichkeiten. Diese Schäden treten oft erst nach Wochen oder Monaten auf und sie führen fast immer zu einem Totalschaden. So ist es traurige Realität, dass kleine Brände einen Sachschaden von z. B. 200.- € anrichten würden, der Pulverschaden jedoch über 20.000,- € in Wohnungen oder 1,5 Mio. € in Unternehmen betragen kann. Dieses Löschmittel ist deshalb meist „unverhältnismäßig" und sollte nur selten eingesetzt werden; im privaten Bereich überhaupt nicht. ABC-Pulverlöscher sind im Freien grundsätzlich einzusetzen oder bei Fahrzeugbränden. Darüber hinaus gibt es noch BC-Pulverlöscher, die für die Klassen B (brennbare Flüssigkeiten und flüssig werdende Gegenstände) und C (brennbare Gase) besonders gut geeignet sind.

Zu Pulver- und Schaumlöscher ist noch zu sagen, dass man entweder Pulver oder Schaum bei einem Brand einsetzt – beides gleichzeitig behindert sich gegenseitig, weil das Pulver den Schaum chemisch derart verändert, dass er kaum noch effektiv löschen kann und umgekehrt.

Für brennende Metalle gibt es ausschließlich die Möglichkeit, D-Pulverfeuerlöscher einzusetzen; dieses Mittel ist bei A-, B- und C-Bränden uneffektiv, wohingegen ABC-Pulverlöscher bei Metallbränden (D-Klasse) zu einer Explosion führen würde. Bei Metallbränden kann man auch trockenen, gesinterten Sand aufbringen oder Graugussspäne. Man soll jedoch beachten, dass die Temperatur bei Metallbränden sehr hoch ist und bei Löscheinsätzen schnell gefährliche, verletzende, entstellende oder gar tödliche Verletzungen eintreten können; deshalb ist es häufig sinnvoll, hier nicht zu Löschen und auf das Eintreffen der Profis zu warten – egal, ob es sich um eine Freiwillige Wehr oder um die Berufsfeuerwehr handelt, beide sind gut ausgebildet und auf solche Einsätze besser vorbereitet als Durchschnittsbürger, und sie tragen auch sicherere Kleidung.

Ebenfalls kann man Zement in Pulverform gut zum Löschen von Metallen hernehmen. Wichtig bzw. Voraussetzung ist, dass man das Zementpulver auch wirklich so an die brennenden Stellen bekommt, dass das brennende Metall darin „versinkt", und das dürfte, z. B. bei einer brennenden Aluminiumfelge am Wagen, das eigentliche Problem sein. Wenn hingegen in einem metallenen Abfallbehälter ölgetränkte Metallspäne brennen und wenn man ausreichend viel Zementpulver zur Verfügung hat, so wäre der Löscheinsatz wohl erfolgreich. Hier muss man besonders darauf aufpassen, dass man sich keinen Schaden zufügt durch die große Wärme, die nach oben weggeht.

Wasser aus Schläuchen, z. B. Gartenschlauch oder Löschschlauch aus einem Wandhydrant, hat gegenüber einem Handfeuerlöscher den großen Vorteil, dass die Löschmittelmenge nicht endlich, sondern unendlich ist. Während ein Handfeuerlöscher nach vielleicht 10 oder 20 Sekunden entleert ist (je nach dem Löschmittel, der Menge und der Feinheit des Strahls), kann man mit einem Wasserschlauch nicht nur länger, sondern auch weiter spritzen; letzteres hat den Vorteil, dass man sich nicht so leicht gefährdet.

Kübelspritzen haben den Vorteil, dass man den Druck selber aufbaut mit einer Art Handpumpe und dass man nach dem Entleeren erneut Wasser einfüllen und Druck aufbauen kann.

Ein vielleicht harmlos oder gar lächerlich klingendes Löschmittel ist eine Baumspritze, wie man sie für wenige € im Baumarkt bzw. Gartencenter kaufen kann. Hier wird Wasser eingefüllt und ebenfalls mit einer Handpumpe wird der Druck aufgebaut. Diese Geräte werden gern im privaten Bereich verwendet, sie sind deshalb nicht wartungspflichtig und dennoch effektiv, auch über Jahre. Wer beispielsweise Wachskerzen am Weihnachtsbaum hat, tut sich im Brandfall einen großen Gefallen, wenn in Griffweite eine bereits gefüllte und unter Druck stehende Spritze steht. Der Löschmittelschaden wird durch das feine Ausbringen des Wassers gering sein; die Löscheffektivität ist sehr hoch.

Löschdecken sind nach dem Stand der Technik nicht mehr empfehlenswert, da damit oft nur ausgebildete Feuerwehrleute löschen können. Die Berufsgenossenschaft für Gaststätten (BGN) hat in der Mitteilung 9.14 bereits im Jahr 2000 folgendes bekannt gegeben: „Das Löschen von Friteusenbränden mit Löschdecken kann nach den bisherigen Erfahrungen nicht mehr zugelassen werden, weil dies mit einem unvertretbaren Verbrennungsrisiko verbunden ist.“ Da es mittlerweile Fettbrandlöscher gibt, die hier wesentlich effektiver und sicherer sind, sollte man diese auch einsetzen. Zudem brennen Löschdecken relativ schnell durch, sie können oftmals Brände nicht löschen, verhindern keine Rückzündung und wenn sie sich mit Fett vollgesaugt haben, dann brennen auch die sonst nichtbrennbaren Löschdecken.

Wenn es zur Verfügung steht, dann ist Sand ein ebenfalls gutes Löschmittel wenn man ihn effektiv auf den Brandherd aufbringen kann. Bei Metallbränden ist jedoch zu beachten, dass nicht gesinterter und/oder feuchter Sand beim Aufbringen explodieren kann und dadurch Menschen stark gefährdet.

Das Abdecken eines brennenden Gegenstands mit einer Decke, einem Vorhang oder einer Zeitung, um die Sauerstoffzufuhr zu unterbinden ist grundsätzlich machbar, jedoch birgt das auch die Gefahr der Brandvergrößerung – und zwar immer dann, wenn das Feuer nicht gelöscht und der eigentlich zum Löschen gedachte Gegenstand zu brennen beginnt.

Ab und zu bieten Kaufhäuser, Gartencenter oder Baumärkte auch sog. Sprühdosen mit Löschmittel an; diese Sprays haben ca. 300 g Inhalt, meist handelt es sich um wässrige Lösungen mit einer Art Seifenlauge, die fein verteilt ausgebracht werden. Auch wenn solche Dosen nicht wie Feuerlöscher prüfbar sind, so können sie doch, entgegen der Meinung einiger, sehr gut geeignet sein, um Brände von festen Stoffen und manchmal auch von Pfannen und Friteusen äußerst gut zu löschen. Durch das feine Ausbringen des Löschstrahls und die große, kühlende Oberfläche lassen sich kleinere Brände oft gut löschen. Ein weiterer Vorteil ist, dass die Sprühdosen, die grundlegend wie Lackdosen, Deos oder Haarsprays funktionieren, nicht nach einem einmaligen kurzen Einsatz bereits funktionsunfähig werden, sondern weiterverwendet werden können.

Professionell wird in Deutschland von den Feuerwehren gelöscht. Diese zu rufen ist grundsätzlich kostenfrei; wenn es brennt und selbst wenn man sich getäuscht hat (etwa weil man Wasserdampf für einen Brand gehalten hat) gibt es normalerweise keinen Ärger. Deutschland hat eine der am besten ausgebildetsten und technisch perfektesten Feuerwehren flächendeckend über das Land, verglichen mit dem „Rest" der Welt. Dabei ist es sekundär, ob es sich um eine Berufsfeuerwehr oder eine Freiwillige Feuerwehr, eine Werkfeuerwehr oder eine Betriebsfeuerwehr handelt. Weit über 90 % der Feuerwehrleute, heute meist noch Männer, sind bei freiwilligen Wehren. Das bedeutet, dass diese Personen eine besondere Ausbildung hinter sich haben, die sie in ihrer Freizeit absolviert haben. Im Alarmierungsfall rücken sie dann, so sie in der näheren Umgebung erreichbar sind, schnellstmöglich aus und helfen. Lediglich größere Städte und Großstädte haben Berufsfeuerwehren. Deren größter Vorteil ist die Zeit, denn sie sind natürlich schneller vor Ort als Feuerwehrleute, die erst zum Feuerwehrhaus und von dort zum Brand fahren müssen.

Die Feuerwehren löschen meist mit Wasser, was sie aus normalen Wasserleitungen holen. Wenn eine Berufsfeuerwehr gerufen wird, so rücken oft 4 bis 5 Fahrzeuge aus, meist von unterschiedlichen Brandwachen:

- 1 – 2 Tank- oder Hilfeleistungslöschfahrzeuge (TLF, HLF); während das TLF über etwas mehr Löschmittel verfügt, ca. 5.000 l Wasser, Zuschlagmittel, Schaum und Pulver, verfügt das HLF über mehr technische Ausrüstung

- 1 Einsatzleitfahrzeug (ELF), in dem der Einsatzleiter und sein Fahrer sitzen; der Einsatzleiter kann mit den in der Wache aufbewahrten Unterlagen über größere Firmen auf der Fahrt zum Brandort bereits einsatztaktische Überlegungen anstellen
- 1 Drehleiter bis 23 m Höhendifferenz (DL), wenn dieser Einsatz nötig sein wird – sei es, um Menschen aus größeren Höhen zu retten, oder um von oben Wasser auf z. B. ein brennendes Bitumendach zu geben
- 1 Rettungswagen (RTW) für den Fall, dass Menschen verletzt wurden oder Feuerwehrleute beim Einsatz verletzt werden

Wenn die Feuerwehr mit Wasser löscht, dann benötigt sie meist einige 1.000 oder mehrere 10.000 l Wasser. Dieses Wasser kann man in der benötigten Zeit nicht mit Fahrzeugen herbeischaffen, es muss aus dem normalen Wasserleitungsnetz entnommen werden. Dazu sind ca. alle 100 m in bebauten Gegenden in Deutschland Über- oder Unterflurhydranten, die an Leitungen mit Innendurchmessern von 8 cm bis 1 m hängen. Das vertikale Steigrohr zu dieser horizontal im Boden liegenden Wasserleitung ist bei Überflurhydranten ständig vorhanden und hat einen Innendurchmesser von 8 oder 10 cm, ist jedoch aus Frostschutzgründen nicht mit Wasser gefüllt. Bei Unterflurhydranten wird das Steigrohr (immer mit einem Innendurchmesser von 8 cm) erst von der Feuerwehr aufgesetzt.

Das nachfolgende Foto zeigt die deutschlandweit einheitliche Ausschilderung eines Unterflurhydranten (Überflurhydranten sind leicht ersichtlich und meist nicht ausgeschildert): Das „H“ steht für Hydrant, also Löschwasser für die Feuerwehr; die Zahl „100“ dahinter zeigt an, dass das Wasserrohr einen Innendurchmesser (= Nenndurchmesser = dn) von 100 mm hat, also eine Querschnittsfläche [= $r^2 \cdot \pi = (5\ \text{cm})^2 \cdot 3{,}14$] von knapp 80 cm^2.

Eine 150er-Leitung hat demnach eine Fläche von ca. 175 cm^2; ihr kann man 2,25 mal so viel Wasser entnehmen, wenn genügend Hydranten vorhanden sind und nicht nur das 1,5-fache (also die Relation 100 zu 150). Dabei ist es entscheidend, ob es sich um eine sog. Ringleitung handelt, denn diese erhält Wasserdruck aus beiden Richtungen und so kann man aus zwei hintereinander liegenden Hydranten jeweils die volle Wassermenge entnehmen. Handelt es sich jedoch um eine Stichleitung mit geringer Mächtigkeit, so wird man aus einem weiter hinten liegenden Hydranten kaum Wasser entnehmen können, wenn weiter vorn bereits Wasser entnommen wird. Weiter ist entscheidend, wie viele Hydranten im näheren Umfeld genutzt werden können. Das Schild ist immer exakt dort platziert, von wo aus der ovale oder rechteckige Unterflurhydrantendeckel zu finden ist– in diesem Fall 2,9 m nach links und 4,9 m nach vorn.

Man sollte bei sich zu Hause und im Unternehmen darauf achten, dass diese Schilder frei sind und nicht z. B. durch Pflanzen verdeckt werden. Das Wasser kommt mit hohem Druck aus der Leitung, es läuft über die Pumpe eines TLF oder HLF und man erzeugt dann am Strahlrohr einen Druck von ca. 5 bar.

Die Feuerwehren haben unterschiedlich dicke Schläuche und je nachdem, ob diese ein Mundstück haben oder nicht, kann man damit unterschiedliche Wassermengen ausbringen:

- A-Schläuche sind formstabil, sie dienen nicht direkt dem Löschen, sondern dem Transport von Wasser, meist über größere Strecken; sie befördern ca. 1.600 l/min.
- B-Schläuche werden zum Löschen großer Brände verwendet, mehrere Feuerwehrleute müssen das Endstück des Schlauchs festhalten, um durch den Wasserdruck nicht umgeworfen zu werden; sie transportieren mit/ohne Mundstück

400 bzw. 800 l/min.

- C-Schläuche mit 42 oder 52 mm sind die normal üblichen Einsatzschläuche; mit ihnen bringt man pro Minute 200 l Wasser ohne Mundstück oder 100 l mit Mundstück aus

Ausschilderung eines 100er-Hydranten (d. h. Innendurchmesser =100 mm)

Steigrohr auf einer Löschwasserleitung

- D-Schläuche sind in Wandhydranten enthalten, es gibt sie formstabil und nicht formstabil; sie bringen mit/ohne Mundstück 25 bzw. 50 l Wasser pro Minute aus

Die Schläuche werden von A nach D immer dünner; darüber hinaus gibt es seit einigen Jahren noch sog. Hochdrucklöscher; diese Geräte schaffen mit besonders dünnen Schläuchen, in denen das Wasser mit hohem Druck über besondere Düsen ausgebracht wird, dass man mit nur wenigen Litern Wasser so effektiv sein kann, wie mit einem C-Rohr und vielen 100 l Wasser. Dabei wird der Löscheffekt meist sehr schnell eintreten und ein Wasserschaden nicht entstehen.

Man benötigt in Deutschland 800 l/min. (das sind 48 m³ pro Stunde) Löschwasser in Gegenden, in denen kleinere Wohnhäuser stehen und zwar jeweils für die erste und die zweite Stunde;

in Städten, bei Hotels, gewerblichen Gebieten usw. muss die Gemeinde die doppelte Menge (1.600 l/min. oder 96 m³/h) zur Verfügung stellen und in Industriegebieten wieder die doppelte Wassermenge (also 3.200 l/min. bzw. 192 m³/h); höhere Wassermengen werden nicht gefordert. Es wird klar, dass man diese Mengen nicht aus 2 Hydranten bekommt, die an einer 80er Leitung hängen. Angenommen, bei einem Einsatz braucht man 2 B-Schläuche und 2 C-Schläuche für 30 min., dann addiert sich die Löschwassermenge auf 30.000 l (≡ 30 m³), was einer Menge von 1.000 l/min. entspricht. Das benötigte Löschwasser darf man auch vor Ort bereithalten oder einem Gewässer (Fluss, See) entnehmen, wenn sichergestellt ist, dass die vorgegebene Löschwassermenge auch über 12 Monate immer sicher zur Verfügung steht. Schwimmbäder werden meist nicht anerkennt, weil sie bei Reinigungs- oder Wartungszwecken leer sind. Die jeweilige Löschwassermenge muss man für die erste und noch mal die gleiche Menge für die zweite Stunde haben, danach darf das Löschwasser ausgehen.

Ein besonderes Anliegen des Autors: Unser Feuerwehrsystem in Deutschland funktioniert deshalb, weil es viele 10.000 Freiwillige Feuerwehrleute gibt, die sehr viel und ehrenamtlich arbeiten. Ca. 95 % der Feuerwehrleute sind bei Freiwilligen Wehren; diese helfen bei Autounfällen, bei Bränden oder anderen gefährlichen Katastrophen. Deshalb wäre es wünschenswert, wenn diesen sozial wirklich aktiven Menschen mehr Anerkennung zuteil wird und wenn mehr Menschen ihre Jugend dazu anhält, auch gemeinnützlich in diese Richtung tätig zu werden.

3.4 Die Einteilung des Brandschutzes

Alle Brandschutzmaßnahmen lassen sich in Vorbeugenden Brandschutz oder Abwehrenden Brandschutz einteilen und es handelt sich dabei immer um technische, bauliche oder organisatorische Maßnahmen.

Während es beim Explosionsschutz eine Priorität der Maßnahmen gibt, ist keine der brandschutztechnischen Komponenten im Vergleich zu den anderen wichtiger oder nachrangig zu sehen. Der Explosionsschutz teilt sich in Primären und Sekundären Explosionsschutz ein, wobei der Primäre EX-Schutz die Vermeidung einer explosionsfähigen Atmosphäre bedeutet: Wenn nichts explosives (Stäube, Aerosole, Dämpfe, Gase) vorhanden ist, kann es auch nicht explodieren, insofern ist die Explosionsgefahr bei Null. Wenn jedoch solche Stoffe vorhanden sind, etwa Schleifstaub, Benzindämpfe, Gase usw., dann greift der Sekundäre Explosionsschutz. Dieser besagt, dass die Zündung einer möglicherweise vorhandenen EX-fähigen Atmosphäre vermieden werden muss. Der Konstruktive oder Tertiäre Explosionsschutz besagt, dass eine Explosion (z. B. in einem Reaktor) gelöscht werden muss, oder aber die Explosion in eine nicht gefährdende Richtung (eine sog. Sollbruchstelle eines Gebäudes oder eines Reaktorkessels) abgeleitet werden muss. So weit der EX-Schutz.

Im Brandschutz gibt es die Einteilung in vorbeugende und abwehrende Maßnahmen. Man kann nicht sagen, dass der Bauliche Brandschutz wichtiger ist als der Technische Brandschutz oder dass Technische Brandschutzlösungen die organisatorischen Dinge ersetzen können; alle Bereiche sind wichtig, sie ersetzen sich nicht, sie ergänzen sich sinnvoll. Im Arbeitsschutz wird oft T-O-P als Reihenfolge vorgegeben, d. h. erst Technische, dann Organisatorische, dann Persönliche Maßnahmen. Diese oder eine andere Reihenfolge gibt es im Brandschutz nicht, alle 3 Bereiche sind wichtig – so wie auch der Abwehrende Brandschutz nicht durch auch noch so guten Vorbeugenden Brandschutz ersetzt werden kann.

Der Vorbeugende Brandschutz enthält alle baulichen, technischen und organisatorischen Maßnahmen die nötig sind, um Brände zu erschweren oder unmöglich zu machen. Der Abwehrende Brandschutz enthält alle technischen, baulichen oder organisatorischen Maßnahmen die nötig sind, um einen nun doch entstandenen Brand baldmöglichst zu löschen, um den ursprünglichen Zustand wieder herzustellen. Die nachfolgende Tabelle zeigt einige Beispiele für die unterschiedlichen Arten des Brandschutzes, die miteinander kombiniert 6 Felder ergeben:

Brandschutz	**Organisatorisch**	**Technisch**	**Baulich**
Vorbeugend	• Mitarbeiter über Maßnahmen des Brandschutzes informieren • Gefahren erläutern	• Alternative (harmlose) Arbeitsverfahren • Funkenerzeugende Metalle meiden	• Komplett nichtbrennbare Baustoffe wählen • Dachbereiche komplett nichtbrennbar auslegen
Abwehrend	• Umgang mit Löschern • Verhalten im Brandfall	• Brandmeldeanlage • Brandlöschanlage	• Feuerhemmende Türen • Feuerbeständige Wände

3.4.1 Baulicher Brandschutz

Dem baulichen Brandschutz fällt eine große Bedeutung zu; nicht nur bei der Verhinderung der Brandentstehung, sondern besonders auch bei der Verhinderung der Brandausbreitung. Mit dem Schließen der Tür eines Raums, in dem es brennt, trägt man bereits wesentlich zur Brandbegrenzung bei – unabhängig davon, ob die Tür brandschutztechnische Eigenschaften hat oder nicht. Der Bauliche Brandschutz ist in der Landesbauordnung oder der jeweiligen Sonderbauverordnung geregelt – je nachdem, wie das Gebäude genutzt wird. Das übernächste Kapitel 5 geht auf die unterschiedlichen Bauordnungen kurz ein.

Der Bauliche Brandschutz soll dafür sorgen, dass Brände durch bauliche Gegebenheiten nicht entstehen können oder nicht vergrößert werden können. Beides ist nicht so einfach wie es klingt, denn bauliche Brandlasten im Isolationsbereich von Dächern und Wänden oder im Dachbereich (Holzdachstuhl, Bitumendach) tragen nicht selten dazu bei, dass Brände vergrößert und auf andere Gebäudebereiche oder gar andere Gebäude übertragen werden. In Deutschland regelt noch die DIN 4102 (demnächst wohl die EN 13 501), ob Baustoffe eingesetzt werden dürfen. Nur danach klassifizierte Baustoffe und Bauteile dürfen eingebaut werden. Diese DIN regelt das Brandverhalten von Baustoffen und Bauteilen und teilt sie in nichtbrennbar (A) und brennbar (B) ein. Bei den nichtbrennbaren Baustoffen, etwa Stahl, Glas, Beton, Gips usw. gibt es noch die Unterteilung in solche, die zu 100 % nichtbrennbar sind (A 1) und solche, die einen geringen, brandschutztechnisch unbedeutenden Anteil an brennbaren Bestandteilen (A 2) haben. Dieser Anteil kann ein Feuer aktiv nicht unterstützen, etwa eine aufgeklebte Tapete oder Gipskartonplatten. Bei den brennbaren Baustoffen geschieht die Einteilung in schwerentflammbare Baustoffe (B 1), normalentflammbare Baustoffe (B 2) und leichtentflammbare Baustoffe (B 3); die B 3-Baustoffe sind grundsätzlich für alle Gebäude verboten – nicht aber bei den Gebäudeeinrichtungen.

Darüber hinaus ist die Feuerwiderstandsdauer von Baustoffen und Bauteilen, insbesondere der tragenden Gebäudeteile, von großer Bedeutung. Hier ist es meist unerheblich, ob diese Gegenstände brennbar oder nichtbrennbar sind, denn ein dicker Holzbalken hat schnell eine Feuerwiderstandsfähigkeit von 90 und mehr Minuten, wo hingegen ein offener, nicht geschützter Stahlträger zwar nichtbrennbar ist, aber bei Wärmezufuhr dennoch nach wenigen Minuten knicken kann. Die Feuerwiderstandsdauer von Bauteilen wird nach einem genormten Feuer mit vorgegebenen Temperaturen in 30, 60 und 90 Minuten Widerstandsfähigkeit eingeteilt:

- Feuerbeständig (≥ F 90)
- Hoch feuerhemmend (≥ F 60)
- Feuerhemmend (≥ F 30)

Das bedeutet, dass die entsprechend klassifizierten Bauteile eine halbe, eine oder eineinhalb Stunden ein Feuer aushalten, ohne ihre tragende Funktion zu verlieren; darüber hinaus dürfen definierte Mengen an Rauch, Wärme bzw. Hitze und Wärmestrahlung nicht durchgehen.

Der Bauliche Brandschutz berücksichtigt, welche Aktivitäten in den Gebäuden später stattfinden und wie viele und ggf. auch welche „Art“ von Personen sich darin aufhalten. Mit „Art“ ist gemeint, ob es sich primär um ortsunkundige (Kunden, Besucher) Menschen handelt oder um ortskundige (Mitarbeiter, Bewohner); oder ob es besonders schutzbedürftige Menschen sind wie Kinder, alte, kranke oder behinderte Menschen. Je nachdem, fordert der Brandschutz mehr und bessere Fluchtmöglichkeiten, Notstrom, ggf. auch Brandmeldeanlagen oder zusätzlich auch Brandlöschanlagen, Rundrufanlagen, besonders effektive Entrauchungsmöglichkeiten und noch vieles mehr. Somit ist jedem Gebäude vorgegeben, wie es genutzt werden darf. Nachträgliche bauliche Ergänzungen oder Nutzungsänderungen sind immer genehmigungspflichtig.

Man sollte bei der Errichtung eines Gebäudes auch bzw. besonders auf den Brandschutz achten, denn jetzt kann man so wie praktisch nie mehr später relativ preiswert und effektiv sinnvolle Dinge wie Brandschutztüren zu bestimmten Räumen, zusätzliche Ausgangsmöglichkeiten oder auch technische Brandschutzeinrichtungen realisieren. Das Kapitel 5 geht auf den Baulichen Brandschutz vertieft ein.

3.4.2 Anlagentechnischer Brandschutz

Zu den Anlagentechnischen bzw. Technischen Brandschutzmaßnahmen zählen insbesondere die nachfolgend aufgeführten Dinge (Reihenfolge ohne Wertung):

- Brandmeldeanlagen (Rauchmelder, Wärmemelder, Strahlungsmelder). Professionelle Brandmeldeanlagen melden an einer ständig besetzten Stelle wie Einsatzleitzentrale, Feuerwehr oder Werkschutz und von dort wird dann umgehend Hilfe eingeleitet. Viele Deutsche Bauordnungen verlangen bereits sog. Heimrauchmelder in Wohnungen, Schlafräumen, Vorräumen und Kinderspielräumen – diese Maßnahme könnte, würde sie wirklich flächendeckend realisiert sein, jährlich bis zu 200 Menschen das Leben retten (!); es wird deshalb dringend geraten, solche Rauchmelder – auch bzw. gerade wenn es in der eigenen Wohnung noch nie gebrannt hat – in und vor den Schlafräumen zu installieren, unabhängig davon, ob es gefordert ist oder nicht
- Gaswarnanlagen (Rauchgase, CO) sind besonders in unterirdischen Bereichen sinnvoll oder gar nötig, um brennbare/explosive und/oder giftige bzw. tödliche Gaskonzentrationen möglichst so rechtzeitig gemeldet zu bekommen, dass die jeweilige untere Explosionsgrenze bzw. die tödliche Konzentration noch nicht erreicht worden ist; eine sofort eingeleitete Be- und Entlüftung, die keine Zündung bewirken darf, sorgt dann für die Wiederherstellung des normalen, harmlosen Zustands
- Rauch- und Wärmeabzugsanlagen (Maschineller Rauchabzug = MRA oder natürlicher Rauchabzug = NRA) werden in Treppenräumen ab 13 m Gebäudehöhe (gemessen wird vom Boden vor dem Gebäude und von dort nicht bis zur Dachspitze, sondern bis zum Fußboden der höchsten Ebene mit Auf-

enthaltsräumen wie Wohn- oder Arbeitsräumen, nicht aber zu Technikbereichen) gefordert und zwar vom EG und von der obersten Etage aus anfahrbare Fenster oder Oberlichte; hierbei wird, wenn die Gebäudeeingangstür ebenfalls geöffnet wird, auf natürliche Art der heiße und somit in Relation zur Luft leichtere Rauch nach oben und außen abgegeben. In Industriehallen hat man ebenfalls derartige Entrauchungsmöglichkeiten, in Wohnungen beispielsweise durch das Öffnen der Fenster. Für Tiefgaragen oder große Verkaufsstätten wählt man meist den maschinellen Rauchabzug, der definierte Luftmengen einbläst oder Lüftungsöffnungen freigibt und an definierten Stellen möglichst weit oben den Rauch aus dem Gebäude an die Umgebung abgibt

- Explosionsschutzanlagen werden in viele Reaktoren oder auch in die Absaugeinrichtungen von Holz, Lebensmitteln oder Kunststoffgranulat eingebaut. Sie können die Wärmestrahlung von Glut oder anderen Zündquellen erkennen und dann im Millisekundenbereich entweder verwirbeltes Wasser zum Kühlen einspritzen, oder aber eine Klappe öffnen, um die mögliche Zündquelle außerhalb des Systems zu bringen
- Löscheinrichtungen wie Feuerlöscher oder Wandhydranten werden meist nur an Arbeitsstellen oder solchen mit besonderer Gefährdung (etwa ein Bahnhof) gefordert, nicht aber im privaten Bereich; dennoch sind sie dort auch sinnvoll
- Brandlöschanlagen funktionieren mit Wasser, Gas, Pulver oder Schaum. Meist hat man sog. Sprinkleranlagen (vgl. die beiden nachfolgenden Fotos), die mit dem Löschmittel Wasser funktionieren. Solche Anlagen sind in Industriehallen, großen Verkaufsstätten und in manchen Versammlungsstätten, aber auch bereits in größeren Hotels zu finden. Häufig sind diese Anlagen Auflage der Baubehörden oder der Feuerversicherungen, die dafür bis über 50 % Rabatt auf die Prämien gewähren, weil sie äußerst zuverlässig Großbrände verhindern

Auch eine Sauna kann gesprinklert werden, dann allerdings mit einer sog. Trockenanlage (in dieser ist Luft, sie wird erst im Brandfall mit Wasser gefüllt) und einer Auslösetemperatur von 141 °C

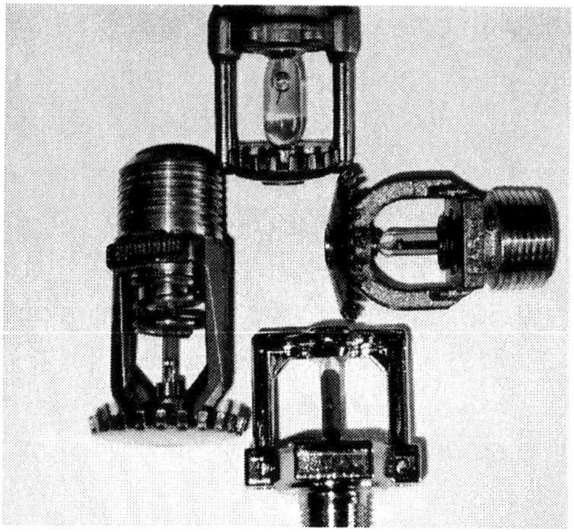

Die Farbe der Sprinklerköpfe gibt Auskunft über die Auslösetemperatur (orange: 57 °C, rot: 68 °C; gelb: 79 °C; grün: 93 °C; blau: 141 °C, violett: 182 °C, schwarz: 260 °C), die Dicke der Sprinklerköpfe über die Ansprechgeschwindigkeit (je dünner, umso schneller)

und Brände in der Entstehungsphase löschen

- Berieselungsanlagen installiert man, um bei länger dauernden Bränden noch nicht vom Feuer betroffene Gebäude oder Gebäudebestandteile vor gefährlicher Erwärmung zu schützen. Das sind zum einen große Öltanks, zum anderen der sog. „eiserne Vorhang“ in einem Theater, der das Bühnenhaus vom Stuhlhaus trennt. Dieser „Vorhang“ (in Wahrheit ist es ein stabiles eisernes Tor mit feuerhemmender Wirkung) wird im Brandfall automatisch geschlossen und beiderseitig von oben mit Wasser beaufschlagt; analog der kühlenden Wirkung wenn sich auf der Haut Schweiß bildet und verdunstet (hierbei entsteht Kälte – nach diesem Prinzip arbeitet eine Klimaanlage oder auch Kühl- und Gefrierschränke) entsteht durch die

Wärmestrahlung des Feuers ebenfalls Wasserdampf; hierbei entsteht Kälte, die das eiserne, von oben nach unten schließende Tor kühlt und somit länger funktionsfähig hält

- Steigleitungen (trockene für Feuerwehrschläuche, meist in den Treppenräumen; nasse für Wandhydranten) sind meist nur in professionell genutzten Gebäuden oder in hohen Wohnhäusern vorhanden. Sie dienen der Feuerwehr (trockene Leitungen erhalten durch die Feuerwehr die Flutung mit Wasser) oder auch den im Gebäude anwesenden Menschen (Wandhydranten)
- Telefone oder Rundrufanlagen, teilweise mit Bandaufzeichnungen in mehreren Sprachen dienen dazu, um im Gebäude befindliche Menschen zu warnen oder über das korrekte Verhalten zu informieren. Besonders in Bahnhöfen, Flughäfen, Kaufhäusern, großen Versammlungsstätten oder Hochhäusern sind solche Anlagen oft gefordert von den Baubehörden
- Brandschutzklappen werden in Lüftungsleitungen immer dann eingebaut, wenn sie durch Brandwände, feuerbeständige Wände oder Decken bzw. Böden geführt werden und wenn sie nicht feuerbeständig ummantelt sind; sie dienen dazu, um die Brandübertragung von einem Brandbereich in andere daneben oder darüber zu verhindern
- Blitz- und Überspannungsschutzschutzeinrichtungen für Gebäude (Blitzschutzanlage, Potenzialausgleich), elektrische Anlagen (Grobschutzelemente wie Ventilableiter) und elektronische Geräte (Feinschutzelemente für Strom- und Datenleitungen, um Geräte vor Beschädigung und Zerstörung oder Brand zu bewahren)
- Notstromaggregate, die mit Diesel, Strom aus einer sicheren Energiequelle oder Gas betrieben werden und sicherheitstechnische Einrichtungen wie Feuerwehrfahrstühle, Notbeleuchtungen oder Operationsräume ständig sicher mit Strom versorgen

- Feuerwehraufzüge in hohen Gebäuden, um der Feuerwehr das schnelle Einbringen von Gerätschaften und/oder das Herausholen von gefährdeten oder verletzten Menschen zu ermöglichen
- Sicherheitsbeleuchtung für Bereiche wie Flughäfen, Versammlungsstätten, große Kaufhäuser oder großen Hotels
- Fluchttür-Ansteuerungen für Ausgangstüren, die im Normalfall aus Gründen des Einbruchschutzes ge- und verschlossen sein sollen; solche Türen dürfen auch alarmüberwacht sein. Im Falle eines Stromausfalls müssen die Türen ohne weitere Hilfsmittel aufmachbar sein. Wenn damit gerechnet wird, dass besonders viele Menschen über diese Tür fliehen müssen, dürfen diese Anlagen jedoch nicht montiert sein
- Feuerwehrleitern, die es der Feuerwehr ermöglichen, Löschangriffe von außen zu starten oder auch um Menschen aus oberen Etagen über die Leitern aus brennenden Häusern mit nicht mehr begehbaren Treppenräumen zu retten; die tragbaren Leitern müssen bis zu einer Höhendifferenz von 7 m funktionsfähig sein, die fahrbaren Drehleitern der Feuerwehr bis zu einer maximalen Differenz zwischen Boden vor dem Gebäude und Fußboden des obersten Stocks von 22 m (die Leiter ist dann lt. Vorgabe 12 m vom Gebäude entfernt und schafft so 23 Höhenmeter)
- Rauchschürzen, die dazu dienen, in großen Industriehallen oder auch weit offenen Verkaufsstätten mit vielen 1.000 m^2 die Verrauchung durch einen Brand im Deckenbereich auf einen relativ kleinen, überschaubaren Bereich zu beschränken; das reduziert die Kosten der Sanierung und auch den Zeitaufwand und somit nimmt es auch positiv Einfluss auf die Betriebsunterbrechungsdauer
- Sauerstoff-Reduzierungsanlagen werden manchmal in hoch zu schützenden Rechenzentren, aber auch in anderen elektronischen Bereichen oder in bestimmten Lagern eingesetzt;

dabei wird der Sauerstoffanteil der Luft durch das künstliche Zuführen von Stickstoff von 21 Vol.-% auf ca. 15 Vol.-% abgesenkt; medizinisch überprüfte Personen dürfen hier bis zu 5 Stunden anwesend sein, wenn dies nicht täglich der Fall ist. Dabei merkt man bei geringer körperlicher Tätigkeit die veränderte Luftzusammensetzung gewöhnlicher weise nicht, ein Feuer (Feuerzeug, Kerze, Schmorbrand) kann jedoch nicht mehr brennen. Wichtig hierbei sind dichte Fenster und Zugangsschleusen, die nicht häufig frequentiert werden

3.4.3 Organisatorischer Brandschutz

Dem organisatorischen Brandschutz fällt eine besondere Bedeutung zu, denn das richtige Verhalten aller Menschen dient zum einen dazu, dass die Entstehungswahrscheinlichkeit eines Brands geringer wird und andererseits, dass die Schadenschwere minimiert wird. Und das richtige Verhalten im Brandfall sorgt auch für eine höhere Überlebenswahrscheinlichkeit. Deshalb ist es von elementarer Bedeutung, dass man sich am Arbeitsplatz ebenso wie in der Freizeit oder zu Hause vorab über das brandsichere Verhalten informiert und vor einem Brand überlegt, wie man sich erstens verhält, dass es nicht brennt und zweitens was zu tun ist, wenn es doch brennt. Denn brennt es, ist es meist zu spät, jetzt in der Hektik oder Panik und emotional aufgewühlt richtige Entscheidungen zu treffen.

Das eigene Verhalten muss sich in zwei Bereiche gliedern: Erstens, wie verhalte ich mich im täglichen Ablauf zu Hause, am Arbeitsplatz und in der Freizeit, damit es nicht zu einem Brand durch das eigene Verhalten kommt. Zweitens, was mache ich, wie verhalte ich mich, wenn ich in einem Gebäude bin, in dem es brennt – hierbei ist es erst mal egal, warum es brennt, wer dafür verantwortlich zu machen ist.

Zum zweiten Punkt: Rauch ist in vielleicht 95 % aller Brände die Todesursache. Rauch tötet starke Raucher genauso schnell wie ein Kleinkind. Man muss also das Einatmen von Brandrauch mit seinen toxischen und tödlichen Gasen unter allen Umständen vermeiden. Es wird bereits nach dem zweiten Atemzug dem Körper unmöglich, die Muskeln von Armen und Beinen mit dem Hirn zu steuern und man stirbt, wird man nicht umgehend heraus getragen und künstlich beatmet, einen schrecklichen Erstickungstod. Deshalb muss man auch immer überlegen, ob es noch hilfebedürftige Menschen gibt, denen man vielleicht unter dem Einsatz des eigenen Lebens noch Hilfe zukommen lassen kann bzw. will oder ob man dies – z. B. bei der Rettung von Sachwerten – eben bitte nicht mehr riskiert. Allzu häufig rennen Menschen in ihre brennenden Wohnhäuser, um Gegenstände wie TV-Geräte, Schmuck oder Ausweisunterlagen vor den Flammen zu retten: Der Preis, nämlich das eigene Leben oder die körperliche und/ oder geistige Gesundheit, ist für solche ersetzbare Dinge wesentlich zu hoch. Andererseits wird ein Familienvater sicherlich unter Einsatz seines Lebens versuchen, seine schlafenden Kinder aus einem brennenden Haus zu holen, wenn die Feuerwehr mit Atemschutzgerät und Körperschutzkleidung noch nicht vor Ort sein sollte.

Zum erstgenannten Punkt: Jeder soll bzw. muss sich überlegen, wo es bei ihm brennen kann: Zigarettenreste, Steckdosenverteiler, Schaltschränke, netzstrombetriebene Geräte, ölgetränkte Lumpen (Achtung: Hier ist sogar eine Selbstentzündung möglich!), unbeobachtete brennende Kerzen (Achtung: Kann als grob fahrlässig ausgelegt werden), Arbeiten im Hobby- bzw. Bastelkeller, Wärmestaus bei konventionellen Röhren-TV-Geräten in Schränken und Küchenarbeiten sind die Hauptursachen im privaten Wohnbereich, also meist die Näherung von Brandlasten an Zündquellen (vgl. nachfolgendes Foto). Also muss man diese Geräte oder Arbeiten überlegt durchführen und ggf. anschließend noch auf eine mögliche Brandentstehung achten.

Wer leichtentzündliche Brandlasten so einer potenziellen Zündquelle aussetzt (Starter der Leuchtstofflampen), handelt mindestens fahrlässig. Abhilfen: Die fehlenden Gehäuse an den Lampen montieren und die Starter ersetzen gegen solche Starter, die sich bei Überhitzung ausschalten – oder gleich EVG-Geräte (Elektronische Vorschaltgeräte) installieren.

Am Arbeitsplatz kommt es wesentlich darauf an, wo man arbeitet: In einer Schmiede sind viele Zündquellen, aber kaum brennbare Gegenstände. Im Büro sind privat besorgte und allzu sorglos aufgestellte Heizlüfter oder nach Arbeitsende nicht ausgeschaltete Kaffeemaschinen mit Wärmeplatte eine der Hauptbrandursachen. In Produktionsbereichen sind Stromverteiler, verfahrenstechnische Anlagen u. a. m. Zündursachen und in Lager- und Logistikbereichen sind es Beleuchtungsanlagen und die Ladegeräte der elektrisch betriebenen Gabelstapler oder vergleichbare Geräte.

Nur wer sich in Ruhe vor einem Brand überlegt, wie er sich verhält, damit es nicht zu einem Brand durch die eigenen Aktivitäten kommt und was zu tun ist, nachdem ein Brand ausgebrochen ist, der wird sich jeweils korrekt verhalten. Alle anderen Menschen sind dann überfordert, denn in der Hektik einer Notsituation, mit der man nicht gerechnet hat, kann man schlecht ruhig bleiben und vernünftige Lösungsansätze finden. Dabei soll man immer im Hinterkopf an den Brandschutz, ans Löschen und auch an die möglichen Fluchtwege denken, sobald man ein fremdes Gebäude betritt. Dies gilt für Flughäfen, U-Bahnstationen, Kaufhäuser ebenso wie für Sportstadien (auch offene!), Verkaufsstätten, Kinos, Bürohochhäuser oder andere Gebäude. Im übrigen ist der Brandschutz in Deutschland, international gesehen, führend und sobald man in anderen Ländern ist, muss man sich oft noch mehr als zu Hause um seine eigene Sicherheit kümmern – d. h. gerade dort darf man nicht davon ausgehen, dass der Brandschutz nach unseren Vorstellungen geregelt ist.

Alle Menschen müssen brandschutz-bewusst geschult und sensibilisiert sein; dies betrifft Kollegen am Arbeitsplatz ebenso wie alle Familienangehörigen zu Hause. Wenn man weiß, dass die meisten Kinder, die durch selbst verursachte Brände getötet werden, jünger als 3 Jahre sind, dann wird schnell klar, dass man bereits mit Kleinkindern über Brandschutz sprechen muss. Nun versteht ein kleines Kind natürlich nicht Begriffe wie Tod, Gefahr, Rauchvergiftung oder Behinderung; aber man kann einem Kind, sobald es gehen kann demonstrieren, dass eine Herdplatte sehr heiß ist und dass auch eine Kerzenflamme zwar schön, aber bei Annäherung auch schmerzhaft ist. Diese Erlebnisse sind besonders wichtig für Kleinkinder, sie prägen es sich ein und der Erfolg ist, dass die Kinder vor Flammen (die ja schön sind) den gewünschten Respekt bekommen – somit wird die Wahrscheinlichkeit wesentlich größer, dass sich die Kinder sicherheitsgerecht verhalten. Gleiches gilt mit dem Umgang mit Feuerzeugen und Zündhölzern: Wer Kindern so etwas verbietet, handelt falsch. Nur die Kinder, die sich damit bereits einmal weh getan haben, verlieren den Reiz, damit heimlich umzugehen – nämlich wenn Papa und Mama weg sind, in der Badewanne oder in der Küche.

Der Gesetzgeber definiert nicht, wie viele Mitarbeiter mit Feuerlöschern umgehen können müssen. Da jedoch ein Feuer sich binnen Sekunden ausbreiten und binnen Minuten sich um den Schadenfaktor 500 vergrößern kann wird ersichtlich, wie wichtig es ist, dass jeder Mensch weiß, wie man mit Feuerlöschern umzugehen hat. Das ist gar nicht so einfach wie man sich das vorstellt, insbesondere sind die nachfolgenden Punkte dabei zu beachten:

- Welches Löschmittel enthält der Feuerlöscher (Wasser, Schaum, Pulver, Fettbrandlöschmittel, Gel, Granulat)?
- Ist das Löschmittel geeignet für die Art des Brandes (d. h. brennen primär feste Stoffe – Klasse A, Flüssigkeiten oder flüssig werdende Stoffe – Klasse B, Gase – Klasse C, brennbare Metalle – Klasse D oder Küchenfette – Klasse F), oder sollte man anderswo einen anderen Feuerlöscher holen?
- Die Kapazität des Löschers ist zeitlich eng begrenzt
- Für bereits größer gewordene Brände gilt: Zwei Löscher gleichzeitig eingesetzt ist wesentlich effektiver als zwei Löscher nacheinander eingesetzt
- Bei zu groß gewordenem Feuer oder bei unklaren (da verrauchten) Verhältnissen löscht man nicht mehr, sondern verlässt den Bereich, warnt andere und sorgt dafür, dass die Feuerwehr löscht
- Löscher hinterher umgehend neu füllen lassen, auch wenn sie nur kurz eingesetzt wurden
- Löscher an nicht gefährdender Stelle aktivieren
- Löscher erst dann betätigen, wenn man die Brandstelle erreichen kann
- Im Freien nie gegen die Windrichtung löschen (das Löschmittel wird weggeblasen)
- Mit Pulverlöschern nicht zu nahe heran gehen: Hier löscht

nicht der Pulverstrahl, sondern die dahinter entstehende Pulverwolke

- Im Freien ist das Löschmittel Kohlendioxid meist uneffektiv, da die löschfähige Konzentration nicht lange genug gehalten wird
- Pulver kann oft mehr Schaden als Nutzen bringen, auch in entfernt liegenden Räumen kann es noch zu Schäden kommen (z. B. wenn die Raumluftanlage das Pulver ansaugt und in andere Bereiche überträgt): In Verbindung mit der Luftfeuchtigkeit entsteht auf elektronischen und elektrischen Bauteilen Korrosionen, ebenso auf blanken Metallen
- Beim Einsatz von Kohlendioxidlöschern muss man bei Fettbränden auf die häufig vorkommende Rückzündung achten

Wenn man weiß, dass sich das Brandrisiko (B_R) aus der Multiplikation von Schadenhäufigkeit (S_H) und Schadenschwere (S_S) zusammensetzt wird schnell klar, dass man bei beiden Punkten ansetzen muss, will man das Brandrisiko minimieren: Ganz auf 0 % Wahrscheinlichkeit lässt es sich nie bringen und zwar weder die Schadenhäufigkeit, noch die Schadenschwere und somit auch nicht das Brandrisiko; aber man kann es wirklich erheblich um Dimensionen reduzieren: $B_R = S_H \times S_S$

Um die Brandschadenhäufigkeit zu minimieren, dienen die nachfolgend aufgeführten Punkte:

- Familienmitglieder zu Hause, Mitarbeiter im Unternehmen in Richtung Brandschutz, korrektes Verhalten qualifizieren, informieren und schulen
- Neue Mitarbeiter auch unter sicherheitstechnischen Aspekten auswählen (ist die Person dem Brandschutz und Arbeitsschutz zugänglich, wirkt sie solide?)

- Brandlasten wie Gabelstapler-Ladegeräte oder Kaffeemaschinen und Zündquellen wie Lagergut oder Vorhänge räumlich voneinander trennen
- Arbeitsanweisungen für das brandsichere Verhalten am Arbeitsplatz, aber auch im Hobbykeller, erstellen
- Vorgesetzte sicherheitstechnisch (Brandschutz, Arbeitsschutz) besonders gut ausbilden und sensibilisieren, denn sie tragen letztlich die Verantwortung für ihren Bereich
- Arbeitsverfahren auch unter Brandschutzaspekten wählen, d. h. harmlosere Reinigungsmittel (nichtbrennbare) wählen oder Schrauben und Nieten dem Schweißen vorziehen
- Alternative Arbeitsmaterialien (nichtbrennbare) wählen, so wirtschaftlich vertretbar
- Subunternehmer in Unternehmen möglichst vermeiden oder aber besonders einweisen, schulen, sensibilisieren

Im Leben ist es oft wichtig und richtig das eine zu tun und das andere trotzdem nicht zu lassen. So ist es auch im Brandschutz: Wer die Schadeneintrittswahrscheinlichkeit reduziert hat, soll sich auch Gedanken machen, wie man die Schadenschwere eines nun doch eingetretenen Brands reduzieren kann. Um die Brandschadenschwere zu reduzieren, dienen primär bzw. besonders die nachfolgend aufgeführten Maßnahmen:

- Bauliche Brandlasten beim Errichten eines Gebäudes vermeiden, auch schwerentflammbare Materialien meiden
- Alle vorhandenen Brandlasten möglichst minimieren
- Bauliche Abtrennungen für unterschiedliche Bereiche schaffen, damit bei der Entflammung eines Bereichs nicht gleich andere ebenfalls betroffen sind; in Unternehmen kann das sein: Büro, EDV, Produktion (mit Unterteilungen in Kunststoffe, Metalle, Lebensmittel, Holz), Umkleide, Kantine, Lager

(und hier wieder eine Unterteilung: Ausgangsteile, Fertigteile, Feststoffe, Gase, Flüssigkeiten, Elektronik, Ersatzteile, ...)

- Decken- und Wandöffnungen für Rohre, Türen/Klappen, Kabeldurchbrüche u. a. m. feuerbeständig schotten
- Wände um unterschiedliche Bereiche oder auch grundsätzlich um alle Räume feuerhemmend oder feuerbeständig auslegen
- Brandmeldeanlagen installieren, um einen Entstehungsbrand möglichst verzögerungsfrei gemeldet zu bekommen, auch wenn gerade keine Menschen anwesend sind (oder schlafen – dann riecht man den Brandrauch nämlich nicht und wird durch ihn getötet; deshalb sind Rauchmelder in Schlafräumen und in Krankenhäusern auch besonders sinnvoll)
- Brandlöschanlage für besondere Gebäude installieren, in denen der Personenschutz sonst anders nicht sicher erreicht werden kann, bzw. die Gebäude oder auch die Gebäudeinhalte besonders hohe Werte darstellen

Man muss versuchen, Brandlasten und Zündquellen:

- Als solche zu erkennen und zu erfassen
- Entfernen von unnötigen Brandlasten und Zündquellen
- Räumlich Brandlasten und Zündquellen voneinander trennen
- Geht das nicht, beide gegenseitig kapseln, damit es nicht zu einer Entzündung kommen kann
- Überwachen durch eine Brandmeldeanlage mit geeigneten Meldern
- Ggf. auch automatisch Löschen (Löschgas, Wasser)
- Brandlasten und Zündquellen möglichst minimieren
- Brandlasten und/oder Zündquellen substituieren
- Beurteilen ob noch Brandgefahren vorliegen

3.4.4 Abwehrender Brandschutz

Abwehrender Brandschutz bedeutet, dass alle präventiven Maßnahmen nicht dazu geführt haben, erfolgreich zu sein: Es brennt bzw. es fängt an zu brennen. Jeder Mensch, der einen Brand wahrnimmt ist verpflichtet, ihn zu löschen oder, wenn ihm das nicht zumutbar ist, Hilfe herbei zu rufen. Sollten Menschen brennen, so muss man binnen Sekunden aktiv werden, denn ein brennender Mensch überlebt selten die erste Minute – und wenn, dann mit schrecklichen Entstellungen und/oder auch bleibenden Behinderungen. Brennende Menschen kann man nicht, wie man es infantiler weise immer wieder hört, mit heruntergerissenen Vorhängen oder mit Decken löschen. Menschen, die brennen, sind nicht mehr zurechnungsfähig, sie schlagen um sich, haben extreme Schmerzen, sind in einer akut lebensbedrohlichen Situation und rennen oft ohne nachzudenken einfach los. Da anzunehmen, dass ein brennender Mensch stehen bleibt und sich ruhig in eine Decke oder einen Vorhang einwickeln lässt, bis dann nach vielleicht 30 Sekunden das Feuer endlich erstickt ist, während die Decke das heiße, brennende Material auf die Haut drückt, ist realitätsfremd. Solche Menschen schlagen unkontrollierbar um sich, verletzen nicht selten die Personen, die ihnen helfen wollen.

Brennende Menschen soll man zu Fall bringen. Sollte – und das ist die einzig reale Überlebenschance – ein Feuerlöscher bereit stehen, so löscht man hiermit. Dabei ist es völlig egal, ob Wasser, Schaum, CO_2, Pulver oder sonst ein Löschmittel in dem Feuerlöscher enthalten ist, denn das Feuer ist die tödliche Gefahr, nicht das Löschmittel. Natürlich passt man auf, dass die Person das Löschmittel (Wasser, Kohlendioxid, Schaum, Pulver) nicht in die Nase bekommt, zumindest nicht über längere Zeit oder größere Mengen. Beim Kohlendioxid ist noch zu beachten, dass die

Temperatur erst ab vielleicht 1 m nicht mehr so kühl ist, dass ernsthafte Erfrierungen der Haut zugefügt werden – diese sind genauso gefährlich wie die Verbrennungen!

Übrigens entflammen sich manche Berufsgruppen häufiger als andere: Chemiker, Laborangestellte, Menschen die mit brennbaren Flüssigkeiten umgehen und auch Küchenangestellte – diese Personen und deren Kollegen sind demnach besonders zu sensibilisieren.

Brennen Gegenstände, so muss man zwar auch schnell handeln, aber ungleich ruhiger als bei Personenbränden. Hier ist abzuwägen, ob man zuerst löscht, zuerst möglicherweise gefährdete Personen informiert, zuerst die Feuerwehr ruft oder sich selber als erstes vor dem Feuer in Sicherheit bringt. Für Gegenstände und auch für Tiere soll und muss man sein Leben und seine Gesundheit nicht riskieren, unabhängig vom Wert – völlig anders ist das, wenn Menschenleben in Gefahr sind.

Das Kapitel 3.3 ging ausführlich darauf ein, wie und unter welchen Umständen man als „Nichtfeuerwehrmann“ Brände löschen kann, soll oder muss. Brände kann man demnach manuell löschen oder aber auch automatisch durch Brandlöschanlagen; hierauf ging das Kapitel 3.4.2 (Anlagentechnischer Brandschutz) ein.

4 Brandschutzbeauftragte

Anmerkung: Der nachfolgende Text wurde gekürzt (mit freundlicher Genehmigung) aus dem Buch *Der Brandschutzbeauftragte - Grundwissen für den betrieblichen Brandschutz* (Boorberg-Verlag, ISBN 3-415-03665-0) übernommen.

Brandschutzbeauftragte haben die Aufgabe, sich der gesamten Thematik des Brandschutzes in Unternehmen anzunehmen. Dabei ist es „angenehm“ für diese Personengruppe, dass sie zwar die Aufgabe, nicht jedoch die Verantwortung haben. Die Verantwortung für das Einhalten sicherheitstechnischer Auflagen ist bei der Geschäftsleitung und den vorgesetzten Personen: Diese sind verantwortlich für den Brandschutz. Brandschutzbeauftragte haben meist keine Weisungsbefugnis, die liegt beim Abteilungsleiter, beim Werkstattmeister, beim Bereichsleiter oder bei sonst einer vorgesetzten Person. Der Brandschutzbeauftragte ist im Gegensatz zu diesen Personen mehr und besser über Brandschutz informiert und berichtet, was nicht korrekt ist und ggf. wie der ordnungsgemäße Zustand wieder hergestellt werden könnte. Dies geht durch Teilnahme an ASA-Sitzungen (ASA = Arbeitssicherheits-Ausschuss-Sitzung), durch Begehungen, durch persönliche Kontakte usw.

Brandschutzbeauftrage werden so explizit wie z. B. Fachkräfte für Arbeitsschutz oder Strahlenschutzbeauftragte nicht gesetzlich gefordert. Dennoch wird von Behördenvertretern (Gewerbeaufsicht, Berufsgenossenschaft, Brandbeschau der Feuerwehr) oder vom Feuerversicherer – manchmal auch von den Abnehmerfirmen oder von Zertifizierungsunternehmen erwartet, dass der Brandschutz in Unternehmen gekannt, gelebt und realisiert bzw. umgesetzt wird. Dies lässt sich natürlich nur dann erreichen, wenn man Mitarbeiter hat, die sich hier auskennen.

Es gibt jedoch auch einige Bestimmungen bzw. Gesetze, die Brandschutzbeauftragte direkt fordern:

- Die Industriebaurichtlinie fordert Brandschutzbeauftragte, wenn man mehr als 5.000 m² Geschossfläche in einem Industriebau hat, der nach der Industriebaurichtlinie errichtet wurde; diese Bauordnung gilt, entgegen den übrigen Bauordnungen, bundesweit und ist nicht länderspezifisch. Diese Person ist dann für die Einhaltung der Brandschutzvorschriften zuständig: Sie muss die technischen, baulichen und organisatorischen Vorschriften in Richtung Brandschutz kennen, umsetzen, Wartungsarbeiten für brandschutzrelevante Einrichtungen wie Brandmeldeanlagen, Brandlöschanlagen, Entrauchungsanlagen, Brandschutztüren, Feuerlöscher, Wandhydranten usw. einleiten u. a. m.
- Die Bauordnung für Versammlungsstätten, die Versammlungsstättenverordnung (nach dem jeweiligen Landesrecht), fordert eine für den Brandschutz zuständige und damit auch verantwortliche Person; diese muss Versammlungen absagen, wenn die Sicherheit im Gebäude nicht sicher garantiert werden kann. Diese Person muss natürlich jemand mit Entscheidungsbefugnissen sein, d. h. wenn der Geschäftsführer einer großen Veranstaltungshalle für z. B. 15.000 Personen meint, hier eine Reinigungskraft oder den Hausmeister vorschieben zu können, dann würde dies nach einem entsprechenden Unglücksfall für ihn selber und weniger für die unqualifizierte Hilfskraft juristische Folgen haben
- Analog fordern auch manche Verkaufsstättenverordnungen (ebenfalls Länderrecht) ab bestimmten Verkaufsflächen Personen, die sich wie bereits bei der Industriebaurichtlinie und der Versammlungsstättenverordnung um die Einhaltung brandschutzrelevanter Bestimmungen hält
- In einigen Bundesländern fordert auch die zuständige Hoch-

hausrichtlinie ab bestimmten Hochhaus-Höhen, dass es besonders ausgebildete Personen gibt, die z. B. ständig (d. h. 24 Stunden) im Gebäude anwesend sind, so lange sich Menschen im Gebäude aufhalten

- Privatrechtlich werden Brandschutzbeauftragte von Zertifizierern, Automobilfirmen (wenn man Zulieferer ist) oder auch den Industrie-Versicherungen für Feuer und Feuer-Betriebsunterbrechung gefordert
- Der Gesetzgeber fordert im Arbeitsschutzgesetz, im Arbeitssicherheitsgesetz und in der Betriebssicherheitsverordnung (alle 3 Bestimmungen gelten in allen Deutschen Unternehmen) von den Unternehmen, dass die Sicherheit für die Mitarbeiter, der Brandschutz im allgemeinen und auch der Explosionsschutz geregelt ist und dass keine Gefährdungen vorliegen
- Die Berufsgenossenschaften fordern in vielen Bestimmungen, dass man sich in Unternehmen um den Arbeits- und Brandschutz kümmert; die einst bestehende VBG 50 für die Aufstellung von Brandschutzbeauftragten ist jedoch ersatzlos zurückgenommen worden – was jedoch nicht bedeutet, dass man deshalb keinen Brandschutzbeauftragten braucht
- Grundsätzlich gilt, dass der Unternehmer und seine Repräsentanten verantwortlich sind für Brandschutz im Unternehmen; dies beinhaltet auch die Ausbildung, Schulung und Kontrolle der Mitarbeiter

4.1 Aufgaben des Brandschutzbeauftragten

Brandschutzbeauftragte werden schriftlich bestellt und nicht mündlich; in dieser Bestellung stehen besonders die Rechte und Pflichten; es ist jedoch nicht erlaubt, Pflichten der Vorgesetzten auf den Brandschutzbeauftragten zu übertragen – dennoch kann und soll diese Person die Mitarbeiter in Richtung Brandschutz ausbilden, schulen und sensibilisieren. Der Brandschutzbeauftragte hat Kontakt zur Sicherheitsfachkraft und zum Betriebsrat, ggf. auch zum Betriebsarzt und der Fachkraft für Strahlen- und Umweltschutz; diese Personen sollen und müssen konstruktiv miteinander zusammen arbeiten. Der Brandschutzbeauftragte bekommt Arbeitszeit und Kompetenzen für seine anspruchsvolle Aufgabe; dazu gehört ein Büro/ein Schreibtisch, die qualifizierte Ausbildung, regelmäßige Weiterbildungsmöglichkeit usw. Er hat Bücher, Loseblattsammlungen und Fachzeitschriften abonniert. Es macht Sinn, den Brandschutzbeauftragten in einer Stabsstelle der Geschäftsleitung zu unterstellen und ihn fachlich den Abteilungsleitern gleich zu stellen. Warum? Nun, er muss ja mit den Abteilungsleitern auf Augenhöhe sprechen, ihnen Mängel vorhalten und um Abstellen bitten. Ist er nun hierarchisch unterhalb angesiedelt, wird er Probleme mit der Akzeptanz bekommen und dies geht am Sinn des Aufgabenfelds vorbei. Wählt man einen erfolgreichen, dynamischen Mitarbeiter, so wird er mehr Akzeptanz auf allen Ebenen haben und wesentlich erfolgreicher in der Ausübung seines Jobs sein, als wenn man eine wenig energiereiche, fachlich schwache Person „weglobt“.

Brandschutzbeauftrage müssen Spaß am Kontakt mit Menschen haben, sie dürfen Konflikte nicht scheuen, sondern sie müssen sie emotionslos und effektiv lösen können. Dazu braucht man Anerkennung und auf allen Bereichen und Ebenen Menschen, die einem zuspielen bzw. helfen. Brandschutzbeauftrage werden aktiv, bevor etwas passiert: Sie machen Begehungen, stellen Mängellisten zusammen, füllen Artikel für die Hauszeitung und Aushänge, schulen Mitarbeiter, weisen Handwerker von Fremdfirmen ein usw. Der Brandschutzbeauftragte soll anwesend sein bei Besprechungen und Begehungen von:

- Betriebsbegehungen der Feuerwehr bzw. der für den Brandschutz zuständigen Behörde
- Versicherungen/Makler für Feuer und Feuer-Betriebsunterbrechung
- Gewerbeaufsichtsbeamte
- Sinnvoll ist es, wenn er eine gemeinsame Begehung der verschiedenen Abteilungen macht mit den Kollegen vom Umweltschutz, dem Arbeitsmediziner (auch dieser soll an Begehungen teilnehmen) und der Fachkraft für Arbeitsschutz
- Vierteljährliche Arbeitsschutz-Sicherheits-Ausschuss-Sitzung
- Bei der Planung von Umbauten, Renovierungen und Neubauvorhaben (Anmerkung: Ein Architekt hat keine Minute Pflichtvorlesung in Richtung „Brandschutz“, d. h. der Brandschutzbeauftragte weiß oft mehr über Brandschutz als Architekten)
- Besprechungen zu verfahrenstechnischen Veränderungen
- Grundsätzlich bei betrieblichen Veränderungen
- Bei der Auswahl von Maschinen und Materialien und deren brandschutztechnische Einstufung

Darüber hinaus fällt in seinen Arbeitsbereich:

- Gebäuderäumungen vorbereiten, begleiten
- Brandschutz-Verantwortliche unterstützen
- Brandschutzordnung, Teile A, B und C erstellen

- Alarmpläne gemeinsam mit der Fachkraft für Arbeitsschutz erstellen
- Feuerwehrpläne erstellen (lassen), so dies von der Feuerwehr gewünscht wird
- Unterweisung bzw. Ausbildung aller Mitarbeiter in Brandschutz
- Brandschutz-Helfer, Etagenbeauftragte usw. unterweisen
- Flurbeauftragte schulen
- Brandschutz-Einrichtungen überwachen (lassen)
- Fluchtwege kontrollieren
- Brandschutz-Begehungen machen (vgl. die beiden nachfolgenden Fotos)
- Ermittlung von Brand- und Ex-Gefahren
- Auswahl von Arbeitsstoffen
- u. a. m.

Fluchtwege sind frei zu halten. Dies betrifft sowohl Treppenräume, als auch Ausgänge

4.2 Qualifizierung von Brandschutzbeauftragten

Brandschutzbeauftragte müssen grundsätzlich keine besondere Schulbildung, Berufsausbildung oder fachliche Qualifikation haben. Es ist natürlich klar, dass eine gebildete und ausgebildete Person menschlich und fachlich leichter mit der Materie zurecht kommt als eine ungebildete Person ohne abgeschlossene Berufsausbildung. Die vfdb, das ist die Vereinigung zur Förderung des Deutschen Brandschutzes (ein e. V.), der hier deutschlandweit federführend ist, empfiehlt nach ihren Regelungen Brandschutzbeauftrage ausbilden zu lassen und dies geht wie folgt:

- Es wird empfohlen, Personen mit einer abgeschlossenen Berufsausbildung zur Ausbildung für Brandschutzbeauftragte zu wählen; hierbei ist es nicht relevant, ob die Ausbildung technischer, sozialer oder kaufmännischer Art ist
- Besonders geeignet sind immer solche männliche und weibliche Personen, die über eine theoretische und/oder praktische Brandschutz-/Feuerwehrausbildung verfügen, denn sie sind schon gut sensibilisiert in Richtung Brandschutz und Sicherheit
- Immer nötig ist eine Person mit Anerkennung bei den Kollegen
- Grundsätzlich sinnvoll und gut ist die Fachkraft für Arbeitssicherheit, die diese zusätzliche Aufgabe in vielen Unternehmen übernehmen kann
- Grundlegend ist jeder geeignet und befähigt, der sich in 64 Unterrichtseinheiten zum Brandschutzbeauftragten hat ausbilden lassen und dies durch eine erfolgreich absolvierte Prüfungen belegt

Nach der vfdb-Richtlinie für Brandschutzbeauftragte wird empfohlen, in der Industrie entsprechend dem Brandrisiko (dies errechnet sich aus der BGR 133–Ausrüstung von Unternehmen mit Feuerlöschern) Brandschutzbeauftragte hauptberuflich ab bestimmten Mitarbeiterzahlen zu bestellen:

- Geringes Brandrisiko in Industrieunternehmen: > 250 Mitarbeiter
- Mittleres Brandrisiko in Industrieunternehmen: > 175 Mitarbeiter
- Großes Brandrisiko in Industrieunternehmen: > 100 Mitarbeiter
- In Büros: > 400 Mitarbeiter
- Bereiche mit primär fremden, ortsunkundigen Personen (Hotels, Gaststätten, Kaufhäuser, Versammlungsstätten, Schulen, Flughäfen usw.): > 250 anwesende Personen (d. h. Kunden/Besucher plus Mitarbeiter)
- Bereiche mit besonders hilfsbedürftigen Personen (Kinder, Kranke, alte Personen, Behinderte, Gefangene usw.): > 100 anwesende Personen; Anmerkung hierzu: Selbst wenn ein Kindergarten „nur" 30 Kinder aufnehmen kann, so wird dringend geraten, sich hier ebenso, wie bei 5 oder 200 Kindern, um die Sicherheit der Kinder in allen Richtungen besonders verantwortungsvoll zu kümmern. Gleiches gilt sinngemäß für alle anderen Gebäude mit besonders hilfebedürftigen Personen (s. o.).

Der Brandschutzbeauftrage muss bereit, willens und fähig sein, sich mit Gesetzestexten auseinander zu setzen. Er muss Vorschriften lesen, verstehen und umsetzen (lassen), insbesondere die nachfolgenden (Kein Anspruch auf Vollständigkeit; Reihenfolge keine Wertung):

- (Landes)Bauordnung, Garagenverordnung, Industriebaurichtline

- Leitungsanlagenrichtlinie
- Arbeitsstättenverordnung
- Arbeitsschutzgesetz
- Arbeitssicherheitsgesetz
- Betriebssicherheitsverordnung
- Unfallverhütungsvorschriften der Berufsgenossenschaften (hier gibt es einige 100, z. B.: BGV A 1/GUV V A 1, BGV A 8, BGR 133, BGI 560, ...)
- Brandverhütungsvorschriften der Länder (z. B. die Verordnung zur Verhütung von Bränden = VVB, die lediglich im Bundesland Bayern Gültigkeit hat)
- Technische Regeln über brennbare Flüssigkeiten, Gase/Gefahrstoffe, Betriebssicherheit usw. (TRbF, TRG, TRBS...)
- Baustellenverordnung
- DIN 14094 (Fluchtleitern, vgl. nachfolgendes Foto)
- DIN 14095 (Pläne für die Feuerwehr)
- DIN 14096 (Brandschutzordnung (A, B, C)
- DIN 4102 (Anforderungen an Baustoffe/-teile)

Optisch nicht ansprechend, aber brandschutztechnisch zufriedenstellend gelöst ist die Ausbildung des 2. Fluchtwegs für die oberen Geschosse bis zu einer Höhe von 7 m – das ist noch üblich im Bestand, jedoch führen heute die Fluchtleitern bis zum Boden und enden nicht auf einer Warteplattform. Solche Leitern soll man auch nicht von öffentlichem Grund aus sehen, sie werden so montiert, dass sie ausschließlich vom Innenhof aus zu sehen sind

Die Ausbildung gemäß der vfdb-Richtlinie enthält 9 Punkte, die sich wie nachfolgend aufgeführt untergliedern; die Prozentzahlen in den Klammern geben an, wie viel zeitlichen Aufwand von den 64 Unterrichtseinheiten auf das jeweilige Teilgebiet entfallen soll:

1. Rechtliche Grundlagen (5 – 10 %)
   - Ziele und Verantwortung im Brandschutz:
     - Personenschutz
     - Tierschutz
     - Sachschutz, Minimierung der Betriebsunterbrechung
     - Umweltschutz
     - Verantwortung für den Brandschutz im Betrieb
   - Aufgaben und Stellung des Brandschutzbeauftragten
   - Brandschutzrecht:
     - Arbeitsstättenverordnung
     - Betriebssicherheitsverordnung
     - Arbeitssicherheitsgesetz, Arbeitsschutzgesetz
     - Baugesetze
     - Berufsgenossenschaftliche Vorschriften (u. a. BGV A 1, BGI 560)

2. Brandlehre (5 – 10 %)
   - Grundlagen des Brennens, des Feuers:
     - Physikalische Grundlagen
     - Chemische Grundlagen
   - Auswahl geeigneter Löschmittel und Löschverfahren
     - Wasser – Schaum – Pulver – CO_2 – Sonderlöschmittel
     - Handfeuerlöscher – Löschanlage
     - Wandhydranten – Fahrbare Löscher

3. Brand- und Ex-Gefahren, Brandrisiken (10 – 20 %)

- Brandrisiken innerhalb des Unternehmens
  - Bauliche Anlagen, Ausbau und Einrichtung
  - Betriebliche Nutzung
  - Explosionsgefährliche/brennbare Stoffe
  - Strom
  - Brandstiftung
  - Versorgung, Entsorgung
- Gefährdung von Personen
  - Eigene Mitarbeiter
  - Besucher/Ortsunkundige/Fremde
- Brandschutzmaßnahmen
  - Löschmittel
  - Löscheinrichtungen
  - Organisation

4. Baulicher Brandschutz (10 – 20 %)

- Landesbauordnung
- Industriebaurichtlinie
- Hochhausrichtlinie
- Garagenverordnung
- Gaststättenbauverordnung
- Versammlungsstättenverordnung
- Verkaufsstättenverordnung
- Krankenhausrichtlinie
- Kindergartenrichtlinie
- Schulhausverordnung
- Höhere Anforderungen an Sonderbauten (z. B. Hochregallager)
- JVA-Verordnung
- Landesrecht (z. B. VVB)
- Feuerungsverordnung
- Verordnung für elektrotechnische Betriebsräume

- Doppelbodenrichtlinie
- Löschwasserrückhalterichtlinie
- DVGW W 405 (Löschwasser)
- Technische Regeln
- Normen
- Flächen für die Feuerwehr
- VdS 2234 (Brandwände)

5. (Anlagen)technischer Brandschutz (15 – 20 %)
   - Brandmeldeanlagen
   - Gefahrenmeldeanlagen
   - Brandlöschanlagen
   - Rauch- und Wärmeabzugsanlagen
   - Rauchschürzen
   - Ansteuerung von Brandschutztüren
   - Instandhaltung dieser Technik

6. Handbetätigte Geräte zur Brandbekämpfung (5 – 10 %)
   - Tragbare Handfeuerlöscher
     - Wasser, CO_2, Schaum, ABC-Pulver, D-Pulver, Fettbrandlöscher
     - Aufladelöscher – Dauerdrucklöscher
     - BGR 133 (ehemalige Bezeichnung: ZH 1/201)
   - Fahrbare Feuerlöschgeräte
   - Wandhydranten
     - Nicht formstabile Schläuche – Formstabile Schläuche
     - Flächendeckend – Nicht flächendeckend
   - Löschdecken
   - Wartungen zu diesen Einrichtungen

7. Organisatorischer Brandschutz (10 – 20 %)
   - Gefährdungsanalysen für die unterschiedlichen Unternehmensbereiche

- Brandschutzkonzepte
- Brandschutzorganisation
- Brandschutzordnung (Teile A, B, C)
- Ablaufpläne
- Organisationspläne
- Verhalten bei Bränden
- Alarmierung bei Bränden
- Evakuierung im Brandfall
- Eigene Brandbekämpfung
- Brandschutzausbildung (Prävention)
- Kontrolle von Maßnahmen
- Übungen (Löscher, Flucht)

8. Zusammenarbeit mit Behörden, der Feuerwehr, dem Versicherer (5 – 10 %)
   - Persönliche Kontakte herstellen/halten
   - Aufgaben der unterschiedlichen Behörden
   - Arten und Ausrüstungen von Feuerwehren
   - Aufgaben und Möglichkeiten der Wehren
   - Aufgaben und Serviceleistungen von Feuerversicherungen
   - Gemeinsame Begehungen
   - Einbeziehen bei Brandschutzfragen
   - Namentlich/persönlich bekannt

9. Abschlussprüfung mündlich und schriftlich (5 – 10 %)
   - Schriftlicher Teil (allein)
   - Mündlicher Teil (allein)
   - Ggf. Referat (Ausarbeiten und Vorstellen eines Themas aus dem Brandschutz)
     oder
   - Ausarbeiten einer Fallstudie (allein, oder in einer Gruppe)

4.3 Praxistipps zur Arbeit des Brandschutzbeauftragten bei Bauarbeiten

Unabhängig wie groß oder gering die Brandgefahr im Unternehmen ist: Sobald Dritte (Handwerker) im Unternehmen sind, sobald kleinere oder größere Umbau- oder Renovierungsarbeiten anstehen, ist die Brandgefahr wesentlich erhöht. Hier muss der Brandschutzbeauftragte aktiv werden, bevor ein Schaden eingetreten ist. Gründe sind zum einen die Missachtung bzw. das Nichtkennen von Vorschriften, das Desinteresse am Schutz eines anderen Unternehmens, andererseits auch das Nichtkennen der Gefahren und der verfahrenstechnischen Abläufe im Unternehmen, woraus gegenseitige Gefährdungen resultieren. Brände auf Baustellen lassen sich vermeiden durch:

- Gute, intensive, eindringliche und damit hochwertige Unterweisung aller im Unternehmen tätigen Fremdhandwerker sowie die regelmäßige Kontrolle
- Die Mitarbeiter von Sub-Unternehmen sind ebenso gut geschult und unterwiesen
- Geordnete Abfallentsorgung (vgl. das nachfolgende Foto)
- Hochwertige Qualifikation der Arbeiter

Achtlos weggeworfene Zigaretten können leichtentflammbaren Abfall entzünden und somit zur Totalzerstörung von Gebäuden beitragen

- Es gibt einen Sicherheits- und Gesundheitsschutz-Koordinator, dieser erstellt einen SiGe-Plan und dieser wird auch umgesetzt, gelebt
- Feuergefährliche Arbeiten finden ausschließlich an vorgegebenen Stellen statt; Entfernen von leichtentzündlichen Gegenständen im Gefahrenbereich, anschließend Aufstellen einer Brandwache
- Rauchverbot und verantwortungsvoller Umgang mit Glut
- Ausreichende, gute Löschmöglichkeiten im Brandfall (d. h. es sind Feuerlöscher da, dies ist allen auch bekannt, es sind ausreichend viele Löscher vorhanden und sie enthalten die richtigen Löschmittel)
- Eine Brandmeldung geht verzögerungsfrei weiter
- Es findet keine Schadenvergrößerung durch offene Bereiche statt; der Rauch richtet schneller und größere Schäden an als das eigentliche Feuer
- Die Vorgaben der Berufsgenossenschaft (u. a. BGV C 22) sind bekannt und werden eingehalten, ebenso die der Arbeitsstättenverordnung
- Die Arbeiten sind mit der zuständigen Feuerversicherung abgesprochen (ggf. nach einem Schaden juristisch wichtig!)
- Sonstige Vorgaben, z. B. von der Baubehörde und/oder der Feuerwehr werden eingeholt und eingehalten; gleiches gilt für die Brandschutzvorgaben des Verbands der Schadenversicherer (VdS 2021)
- Brand- und arbeitsschutzrechtliche Vorgaben der Baustellenverordnung und der Landesbauordnung sind bekannt und eingehalten
- Es fand eine positive arbeitsmedizinische Untersuchung alle Arbeiter statt

- Die sicherheitstechnische Unterweisung der Arbeiter war verständlich für diese, d. h. sie fand ggf. in deren Landessprache statt
- Überprüfung der Elektrogeräte und Kabel nach TRBS 2131
- Der Brandschutz ist auch in Baubuden organisiert: Besonders brandgefährlich hier sind Heizung, Heizgebläse, grundlegend gasbetriebene Geräte, Kühlschrank, Kaffeemaschine, Heizplatte und das Raucherverhalten
- Es gibt einen Erlaubnisschein für alle feuergefährliche Arbeiten (vgl. das nachfolgende Foto)
- Es gibt eine Brandschutzordnung
- Der zweite Fluchtweg ist an allen Arbeitsplätzen vorhanden
- Zufahrten frei halten für Rettungs-/Löschfahrzeuge
- Raucherverhalten regeln: Rauchverbote aussprechen, prüfen
- Alkohol ist während der Arbeitszeit verboten; dies gilt bitte für alle Ebenen im Unternehmen
- Sind Dritte im Unternehmen, so ist immer ein Koordinator nach BGV A 1, § 6 (bzw. GUV V A 1) zu stellen
- Sicherungsaufgaben nur besonders verantwortungsvollen Personen über 18 Jahren übertragen
- Erste Hilfe und Ersthelfer bereit stellen

Der Hufschmied macht im Stall feuergefährliche Arbeiten, hier ohne Erlaubnisschein, ohne Feuerlöscher bzw. ohne bereitgelegten Wasserschlauch – und dies, obwohl überall im Stall in der näheren Umgebung leichtentflammbare Materialien vorhanden sind

4.4 Kontakte und Umgang mit Institutionen und Behörden

Behörden sind grundsätzlich auch dafür da, um Unternehmen deren Produktion und Arbeit zu ermöglichen. Sie müssen natürlich auch für die Einhaltung von Vorschriften und Regeln sorgen. Insofern soll man Behörden und deren Vertreter als Partner sehen, mit dem man konstruktiv umgeht. Zu den Behörden und Institutionen, mit denen man als Brandschutzbeauftragter primär zu tun haben wird, zählen:

- Feuerwehr
- Baubehörde, Genehmigungsbehörde
- Berufsgenossenschaft/Gemeindeunfallversicherer
- Gewerbeaufsicht
- (privatrechtlich) Feuerversicherung
- Ggf. auch mit der Nachbarschaft, mit angrenzenden Bewohnern/Unternehmen
- Ggf. auch Staatsanwaltschaft (z. B. wenn es zu einem schweren Unfall oder größerem Brand gekommen ist)
- Polizeibehörde (nach strafrechtlich relevanten Dingen wie Brandstiftung)
- Umweltschutzbehörde, u. a. m.

Da es bei den Kontakten mit diesen Institutionen oft auch um tiefe fachliche Dinge geht wird schnell klar, warum die Vertreter dieser Behörden nicht ausschließlich mit der Geschäftsleitung, sondern auch mit Fachleuten aus unterschiedlichen Richtungen sprechen wollen bzw. müssen. Besonders häufig wird der Kontakt des Brandschutzbeauftragten zu den Behörden sein, die mit dem Brandschutz zu tun haben. Große Unternehmen sollen (möglichst v o r Schäden) den Kontakt zur Feuerwehr suchen, um diese im Unternehmen bei Begehungen zu informieren, welche besonderen Brandgefahren es gibt. Hier bekommt man meist sehr wertvolle Tipps und Hinweise zur Gefahrenreduzierung. Auch während und nach einem Brand ist es der gegenseitigen Kommunikation dienlich, wenn man sich zuvor bereits kennen gelernt hat, um über brandschutztechnische Probleme zu sprechen. Insofern sollte der Brandschutzbeauftragte den Kontakt zur Feuerwehr und zu anderen Behörden nicht scheuen, sondern im Gegenteil suchen; findet z. B. eine größere Betriebsversammlung oder ein Tag der offenen Tür statt, so ist es – vor allem, wenn etwas wie ein Arbeitsunfall oder ein Brand passiert – besonders nützlich, wenn man nachweisen kann, dass man sich zuvor bereits mit den Themen beschäftigt hat und auch Dritte dazu konsultiert hat.

Regelmäßig führen Feuerwehren, Kreisbrandmeister oder Kreisbrandräte, häufig in Zusammenarbeit mit der Bauaufsicht, Brandverhütungsschauen in den Unternehmen durch. Hier wird der Betrieb aus brandschutztechnischer Sicht inspiziert, betriebliche brandschutztechnische Mängel (vgl. das nachfolgende Foto) werden behördlicherseits festgestellt und in schriftlicher Form dem Betreiber übergeben. Dieser wird dann aufgefordert, für Abhilfe zu sorgen: Ist der Mangel relevant, mit Androhung von Strafgeldern und der Aufforderung, den Mangel binnen z. B. 2 Wochen zu beseitigen – dies wird anschließend kontrolliert. Auch hierbei ist eine gute Kommunikation mit der Feuerwehr hilfreich, zumal in den Vorschriften, nach denen die Feuerwehr und die Bauaufsicht ihre Kontrollen durchführen, einige unbestimmte Rechtsbegriffe verankert sind.

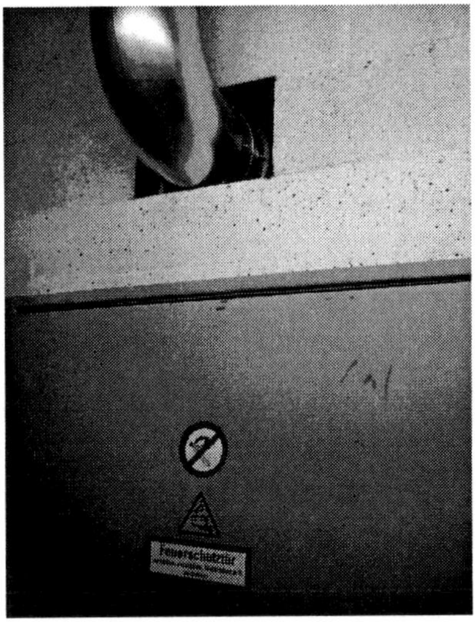

Die Wand muss feuerbeständig sein, die Tür feuerhemmend. Zur Wand gehört die weitgehend offene, rechteckige Öffnung um das Rohr; solche Mängel müssen umgehend beseitigt werden

So steht z. B. in mehreren Rechtsquellen: Rettungswege sind freizuhalten. Was bedeutet dies nun? Darf in Rettungswegen gar nichts stehen? Kein Kopierer, kein Metallstuhl ohne Brandlast etc.? Bei dieser absoluten Vorschrift haben die Behörden, ob man das für sinnvoll hält oder nicht, einen entsprechenden Ermessenspielraum, vor allem wenn das Schutzziel noch auf andere Weise erreicht werden kann, z. B. über Fenster, die auf ein Flachdach führen über das geflohen werden kann. Es lohnt sich also, sich mit der Sinnhaftigkeit der jeweiligen Vorschrift zu beschäftigen und das Schutzziel nicht aus den Augen zu verlieren. Es ist auch sinnvoll, vor einem entsprechenden Brandschaden mit Behördenvertretern über solche und andere Dinge vor Schäden ganz offen und ehrlich zu sprechen. Nach einem Brand ist die Toleranz für vorab nie besprochene Abweichungen verständlicherweise geringer bzw. nicht vorhanden.

4.5 Die Brandschutzordnung für Unternehmen

Brandschutzordnungen gibt es z. B. für Hochhäuser und immer für Unternehmen. Sie erstellt man am besten nach den Vorgaben der DIN 14096, die 3 Teile kennt: A (Aushang), B (Informationen für Mitarbeiter bzw. Mieter) und C (Personen, die in Notsituationen wie Brände, Unfälle, Bombendrohungen usw. besondere Aufgaben haben). Der Brandschutzbeauftragte hat dafür zu sorgen, dass die Brandschutzordnung immer aktuell gehalten wird und mit den betrieblichen Gegebenheiten übereinstimmt. Die Brandschutzordnung soll so kurz wie möglich und so lang wie nötig gehalten sein, damit sie auch gelesen wird. Durch eine gelebte Brandschutzordnung wird sowohl die Brandentstehungswahrscheinlichkeit, als auch die Brandschadenhöhe je Schadenfall verringert.

A) Aushang (Verhalten im Brandfall); dieser Aushang umfasst eine Seite; darauf ist das Verhalten im Brandfall vermerkt:

- Ruhe bewahren
- Brand melden (Tel.-Nr. der Feuerwehr angeben und/oder interne Nummer)
- Menschen warnen
- Rettungsversuch unternehmen:
  - Behinderte retten
  - Türen schließen, aber nicht verschließen
  - Keine Aufzüge benutzen
  - Auf die Fluchtausschilderung achten (1. und 2. Fluchtweg)
  - Auf Anweisungen achten
- Löschversuch unternehmen:
  - Handfeuerlöscher bei kleinen Bränden benutzen
  - Wandhydrant benutzen (so vorhanden)

B) Schriftliche Ausarbeitung, die allen Mitarbeitern überreicht und vorgestellt wird; dieser Teil B kann z. B. 8 – 25 Seiten umfassen, je nach Gefährdungen und je nach Unternehmensart

C) Schriftliche Ausarbeitung für Mitarbeiter, die in Notsituationen besondere Aufgaben haben (hierfür eignen sich besonders Vorgesetzte, Ersthelfer, Leute der Freiwilligen Feuerwehr oder vom THW usw.)

Folgende Vorschläge werden zum Inhalt vom Teil B gemacht (diese sollen individuell je nach Unternehmensart und gemäß den Vorgaben der DIN 14096 ergänzt werden):

- Handfeuerlöscher und Wandhydranten dürfen nicht verstellt werden
- Jeder muss sich in seinem Bereich korrekt, ordentlich und sauber verhalten
- Arbeitsbereiche sind aufgeräumt zu halten
- Private Elektrogeräte sind nur nach Freigabe erlaubt
- Mit möglichen Fluchtwegen soll man sich jetzt (und nicht im Brandfall) auseinandersetzen
- Wie man effektiv löscht, soll man sich jetzt und nicht im Brandfall überlegen
- Jeder Mitarbeiter ist für sein Tun und Unterlassen voll verantwortlich
- In Fluren, Gängen und Treppenhäusern darf nichts abgestellt werden
- Handfeuerlöscher sind nur bei Entstehungsbränden, nicht bei größeren Bränden oder bei starker Rauchbildung einzusetzen
- Bestehende und ausgeschilderte Rauchverbote sind unbedingt einzuhalten

- Alle Anlagen und Geräte sind entsprechend den Betriebsanweisungen zu betreiben
- Nach Beendigung der Arbeit täglich überprüfen, ob alle benötigten Elektrogeräte ausgeschaltet sind und ob auch sonst keine Brandgefahr mehr besteht
- Offenes Licht und Kerzen sind am Arbeitsplatz prinzipiell verboten
- Zigarettenreste sind in die dafür eigens bereitgestellten, nichtbrennbaren, geschlossenen Abfallbehälter zu entleeren
- Brennbare Flüssigkeiten (auch Reinigungsflüssigkeiten) sowie Sprühdosen dürfen nicht ohne Zustimmung des Vorgesetzten eingebracht, verwendet und gelagert werden
- Brennbare Abfälle sind entsprechend den Anordnungen (z. B. nach deren Entstehen, in eigene Räumlichkeiten) zu entsorgen
- Sicherheitskennzeichnungen dürfen nicht verhängt, verändert, entfernt oder anders unkenntlich gemacht werden
- Feuergefährliche Arbeiten dürfen nur mit Zustimmung des Vorgesetzten durchgeführt werden
- In unterirdischen Bereichen dürfen brennbare Flüssigkeiten und Gase nicht gelagert werden
- Verrauchte Bereiche sollten gebückt oder sogar kriechend verlassen werden
- Im Brandfall soll überlegt vorgegangen werden: Eine Menschenrettung ist immer wichtiger als die Brandbekämpfung oder die Brandmeldung
- Ein Löschversuch sollte möglichst nicht alleine, sondern zu zweit unternommen werden
- Die Anweisung, wie Handfeuerlöscher korrekt eingesetzt werden, sollte enthalten sein; sie ist vom Lieferanten der Feuerlöscher erhältlich, u. a. m.

Im Teil C der Brandschutzordnung finden sich besondere Aufgaben für Notsituationen. Dies gilt primär im Brandfall; jetzt haben diese Mitarbeiter wichtige Aufgaben:

- Ohne das eigene Leben unverhältnismäßig zu gefährden, stehen sie für eine geordnete Gebäuderäumung zur Verfügung, ggf. mit farbigen Warnwesten (analog den PKW-Warnwesten)
- Sie stehen der Einsatzleitung der Feuerwehr bei Fragen zur Verfügung
- Sie können die Mitarbeiter auf die Sammelplätze hinweisen
- Sie müssen Brandschutztüren und –tore schließen
- Sie schalten noch laufende Anlagen ab
- Sie prüfen alle Räume in ihrem Bereich soweit möglich auf noch anwesende Personen
- Sie schalten evtl. EDV-Anlagen und die Klimatisierung ab, bedienen den Not-Aus-Schalter
- Sie aktivieren RWA-Anlagen
- Sie fahren Rauchschürzen herunter
- u. a. m.

Vor allem in Gebäuden mit besonders vielen Fremden/Besuchern müssen viele Mitarbeiter in die Kategorie „C" gehören, um sich in Notsituationen für deren Sicherheit verantwortlich zu zeigen. Zum Beispiel müssen Verkäuferinnen in einem Kaufhaus im Falle eines Brands oder einer Bombendrohung sich besonders um die vielen Kunden kümmern, in einem Restaurant haben die Angestellten besondere Aufgaben in Notsituationen für den Schutz der Gäste oder die Mitarbeiter in einer Versammlungsstätte. Andererseits braucht man für eine Industriehalle nur wenige C-unterwiesene Personen.

4.6 Gebäuderäumungen vorbereiten und durchführen

Anmerkung: Der nachfolgende Text wurde gekürzt (mit freundlicher Genehmigung) aus dem Buch *Gebäuderäumungen* (Boorberg-Verlag, ISBN 3-415-03252-3) übernommen.

Gebäuderäumungen sind, vor allem in großen und verwinkelten Gebäuden sowie in solchen mit besonders vielen Personen, gut vorzubereiten. Das Problem ist, wenn alle zur gleichen Zeit das Gebäude verlassen wollen, weil ein Notfall wie ein Brand, ein Stromausfall, eine Verrauchung (vgl. das nachfolgende Foto) oder sonst eine Gefährdung vorliegt. Sind erstens einige 100 oder mehrere 1.000 Personen – in Fußballstadien sogar einige 10.000 Personen, auf dem Münchener Oktoberfest (Freiflächen und Bierzelte) bis zu 600.000 Personen, und nicht alle sind hier im vollen Besitz ihrer Kräfte – in einem Gebäude oder auf einer Freifläche und wenn es dann zweitens zu einer Bedrohung kommt, so sind vorhersehbare Probleme präventiv zu lösen: Das ist machbar, das muss von den Verantwortlichen umgesetzt werden. Man erinnere sich an den 26.09.80, wo ein verblendeter Ideologe viele Menschen durch einen Sprengsatz in München auf dem Oktoberfest getötet und über 100 schwer verletzt hat; die Bombe ist abends im Haupteingang des Festplatzes inmitten vieler Menschen explodiert.

Rauch ist im Brandfall die Haupttodesursache für Menschen. Bei einer Übung kann man mit einer Nebelmaschine auf harmlose, aber beeindruckende Art die Gefahr demonstrieren

Bei reinen Arbeitsstätten ist es wenig problematisch, Gebäuderäumungen durchzuführen: Es sind keine Fremden anwesend, die Mitarbeiter können vorab informiert und geschult werden; man kann bestimmten Mitarbeitern besondere Aufgaben übertragen, Betriebsrat und Fachkräfte für Arbeitssicherheit sowie Vorgesetzte stehen hinter der Übung usw. Die geplante Übung kann angekündigt oder plötzlich kommen und sie kann zeitlich so gelegt werden, dass der eigentliche Unternehmenszweck (Akten bearbeiten, Herstellen von Produkten, Betreuen von Patienten, Abfertigen von Fluggästen, ...) besonders wenig beeinträchtigt wird. Die Übung wird gut vorbereitet, eventuell sogar zusammen mit Vertretern von Behörden geplant und durchgeführt. Danach finden Analysen statt und die verbesserungswürdigen Vorschläge gehen in die Planung der nächsten Fluchtübung ein, die in 2, 3 oder auch erst in 5 Jahren stattfinden wird.

Bei großen Kaufhäusern wird es schon problematischer, weil man mit dem Unmut der Kunden zu rechnen hat. Man stelle sich vor, dass ein Ehepaar sich bei den Arbeitgebern den Vormittag frei nimmt, um in einem großen Möbelhaus die Einrichtungen (Möbel, Küche) für die gemeinsame Wohnung zu kaufen. Um 12.15 Uhr hat man alles zusammen und nun begibt man sich an die Kasse. Beide müssen beispielsweise spätestens um 13.30 Uhr wieder an den Arbeitsplätzen erscheinen. Nun kommt die Durchsage, dass alle Kassen geschlossen werden und eine Fluchtübung stattfindet. Diese wird mindestens 45 Minuten dauern, wahrscheinlich aber länger. Es ist zu erwarten, dass neben dem eben erwähnten Paar auch noch einige weitere Kunden die vollen Einkaufswägen stehen lassen (müssen), zu ihren Fahrzeugen gehen und wütend das Kaufhaus verlassen. Wer Opas 75. Geburtstag in einem gehobenen Restaurant feiert, will an diesem besonderen Abend auch nicht an einer Fluchtübung teilnehmen, auch wenn sie „nur“ 30 Minuten dauert. Gleiches gilt für andere

Personen, die Termine haben oder einfach nicht verstehen, dass derartige Übungen ab und zu sein müssen. In der gleichen Situation sind Fluggäste, wenn eine Bombendrohung den Flugbetrieb still legt oder wenn Besucher eine Musikveranstaltung oder ein Sportstadion besuchen wollen. Hier sei ganz klar gesagt, dass die Proberäumungen von extrem großen Veranstaltungsanlagen, einer Automobilfirma oder einem Krankenhaus nicht möglich sind. Hier greifen andere Schutzmaßnahmen, wie z. B.:

- Professionelle, mit den Behörden abgestimmte Präventions- und Fluchtmaßnahmen
- Gute bauliche Gegebenheiten
- Ausreichend viele und breite Fluchtmöglichkeiten
- Anwesenheit von vielen Personen, die im Katastrophenfall Anweisungen geben und Menschen betreuen können, Brände löschen und Rauch- und Wärmeabzugsanlagen aktivieren usw.
- Mitarbeiter, die im Normalfall darauf aufpassen, dass sich die anwesenden Menschen korrekt verhalten (z. B. betrunkene Personen, Personen die sich in die Fluchtwege setzen oder solche, die bei Fußballspielen mit Leuchtraketen hantieren usw.) und dann auch entsprechend eingreifen, bevor eine Katastrophe passiert
- Technische Schutzmaßnahmen wie Brandlöschanlagen, automatische Durchsagen, Notstromanlagen, Notbeleuchtungsanlagen, Feuerwehraufzüge usw.

Besonders wichtig bei den Versammlungsstätten ist es im Brandfall, dass die Schutzkräfte von Polizei, Feuerwehr und THW möglichst schnell und ungehindert eingreifen können. Während viele 1.000 oder sogar einige 10.000 Menschen vom Veranstaltungsort weg fliehen, müssen diese Hilfskräfte ja entgegengesetzt die

Gebäude betreten. Mindestens genau so wichtig sind die freien Anfahrtswege für die Hilfskräfte, Stell- und Bewegungsflächen für die Feuerwehr-Fahrzeuge (vgl. die nachfolgenden 2 Fotos), freie Hydranten sowie korrekt ausgeschilderte und einzuhaltende Sammelplätze für die Menschen aus dem Gebäude; derartige Sammelplätze dürfen die Hilfskräfte nicht in der Anfahrt oder in der Bewegung beeinträchtigen können und sie müssen so weit von den geräumten Gebäuden entfernt sein, dass für die dort wartenden Personen keine Gefahr mehr besteht – etwa durch die Wärmestrahlung eines Gebäudebrands oder gar einen Gebäudeeinsturz.

Flächen für die Feuerwehr sind ständig freizuhalten und sie müssen jederzeit befahrbar sein

Bei Hotels und Gaststätten ist das große Problem, dass eine Räumungsübung wenig nutzt, weil man ja täglich andere Gäste im Haus hat. Allerdings bewirkt sie dadurch etwas, dass man einige der typischen bzw. üblichen Schwachstellen und Fehler nur in einer Übung und nicht am grünen Tisch erkennen und danach abstellen kann. Insofern sollte man sich „günstige“ Gäste suchen und regelmäßig Übungen durchführen. Die Hauptarbeit ist jedoch mit den eignen Angestellten zu leisten: Diese sind zu schulen, wie man sich im Katastrophenfall verhält, wie man mit problematischen Gästen umgeht, welche Gefahren wie zu minimieren sind und welche Alternativen es zu den besprochenen Fluchtmöglichkeiten gibt, usw.

Gleiches gilt sinngemäß auch für große Kaufhäuser, denn im Stundentakt sind andere Kunden da, eine Übung würde hier zwar nicht den Kunden direkt helfen, aber indirekt: Dadurch, dass aus der durchgeführten Übung verbessernde Schlüsse für weitere Übungen gezogen werden und die Mitarbeiter anders, effektiver geschult werden können.

Wer bereits auf Schiffen Urlaub bzw. Reisen unternahm weiß, dass dort Flucht- bzw. Rettungsübungen oft an der Tagesordnung stehen. Es müssen alle Gäste z. B. um 21 Uhr die Schwimmwesten anziehen und die Besatzung muss die Rettungsboote zu Wasser lassen; manchmal genügt solch eine Übung, manchmal müssen die Passagiere sogar die Rettungsboote betreten. Wer sich hier die fehlende Ausstattung mit Rettungsbooten auf der Titanic sowie die ebenfalls fehlende Schulung der Besatzung vor Augen hält sieht schnell ein, wie sinnvoll derartige Übungen sind – und die Ausstattung mit Rettungsbooten für > 100 % der Passagiere und Besatzung!

Besonders problematisch wird es, wenn ein Feuer in einem Krankenhaus ausbricht. Hier kann man eben nicht möglichst zügig das Gebäude räumen, denn zum einen gibt es viele bettlägerige Menschen, die an Geräten oder am Tropf angeschlossen sind und die nicht ohne Gefährdung aus dem Gebäude gebracht werden können. Zum anderen kann es sein, dass gerade Operationen statt finden und diese können oft nicht ohne fatale Folgen für die Patienten unterbrochen werden. Deshalb sind hier andere Schutzkonzepte nötig, deren komplette Auflistung den Rahmen dieses Buchs sprengen würde. Es sei aber erwähnt, dass man hier üblicherweise mit baulichen Maßnahmen arbeitet, allen voran der sog. Horizontal-Evakuierung: Man teilt jede Etage in mindestens 2 (möglichst noch weitere) Brandbereiche und geht vom Brand in nur einem Brandbereich aus; dann organisiert man die Rettung der dort befindlichen Patienten auf der gleichen Ebene, im gesicherten Brandbereich – also horizontal im gleichen Gebäude, aber in andere Brandbereiche und nicht vertikal nach unten und dann nach draußen. Notstrom, Brandschutztüren, ausreichend ausgelegte und ebenso dimensionierte Notaufzüge und funktionierende Rauch- und Wärmeabzugsanlagen gehören ebenfalls noch zum technisch-baulichen Brandschutz. Hinzu kommt die Unterweisung und Ausbildung für solche Notfälle für praktisch aller Mitarbeiter und Mitarbeiterinnen, die der Auszubildenden usw.

Weiter gibt es noch neben den baulichen die technischen Maßnahmen wie Lautsprecheranlagen, Brandmelde- und Brandlöschanlagen. Während sich Brandmeldeanlagen für generell alle Räumlichkeiten empfehlen (also auch scheinbar unwichtige Abstellräume, Kabeltrassen usw.), sind Brandlöschanlagen mit Wasser oder Gas oft nur für Teilbereiche wie Lager, Gefahrstoffbereiche, Labore und Technikräume sinnvoll. Darüber hinaus ist der organisatorische Brandschutz in Krankenhäusern besonders wichtig: Die Mitarbeiter müssen wissen, wie sie ohne ihr eigenes Leben zu gefährden den Patienten optimale Hilfe zukommen lassen können. Dazu sind Schutzkonzepte, Schulungen und auch Übungen nötig.

Wichtigste Aussage aller Unterweisungen und Übungen muss es immer sein, die Rettung von Gesundheit und von Menschenleben in den Vordergrund zu stellen. Erst weit danach kommen Dinge wie die Rettung von wertvollen Sachwerten oder die Brandlöschung. Bei der Konzeption der Räumungsordnung muss in einfacher und verständlicher Sprache für die Evakuierung u. a. folgendes festgelegt werden:

- Auf wessen Veranlassung (Kompetenzen) eine Gebäuderäumung erfolgen darf
- Welcher Mitarbeiter nun besondere Aufgaben hat, die ihm vorab mitgeteilt wurden
- Wer (beteiligter Personenkreis) alles das Gebäude zu verlassen hat
- Mit welchen Hilfsmitteln (Art der Alarmierung) die bedrohten bzw. fliehenden Personen informiert werden können
- Auf welchen Wegen (Flucht- und Rettungswege) die fliehenden Personen das Gebäude verlassen sollen und welche ggf. vermieden werden müssen
- Welche eventuellen Besonderheiten Berücksichtigung finden müssen
- Welchem Ablauf folgend (Räumungsablauf) man vorzugehen hat

4.7 Die sichere Vergabe von Aufträgen

Wenn es nicht zu Unfällen oder Bränden kommt, gibt es auch keinen, der nach Verstößen sucht oder anderswie Ärger bringen wird. Völlig anders ist die Situation jedoch nach schädigenden Ereignissen. Jeder kennt das Sprichwort: „Der Erfolg hat viele Väter hat und der Misserfolg ist ein Waisenkind". Sobald mehrere Parteien an einer Situation beteiligt sind, versucht nach Schäden jede der beteiligten Parteien verständlicherweise die Schuld bei den jeweils anderen zu sehen: Vorgesetzte „verstecken" sich hinter Brandschutzbeauftragten, Fremdfirmen verweisen auf fehlende Unterweisung usw. Um solche Probleme präventiv zu vermeiden und konstruktiv zu lösen, empfiehlt es sich, eine saubere Dokumentation sicherheitstechnischer Abläufe im Unternehmen einerseits belegen zu können und eine auch sicherheitsbezogene Auftragsvergabe andererseits nachweisen zu können. So kann man in die schriftliche Vergabe von Aufträgen nach Ausschreibungen z. B. hineinschreiben:

- Wir gehen davon aus, dass diejenigen Mitarbeiter Ihres Hauses, die bei uns arbeiten, besonders qualifiziert, ausgebildet und sicherheitstechnisch sensibilisiert sind
- Weiter gehen wir davon aus, dass dies sowohl für die Mitarbeiter, als auch für die Vorgesetzten gilt
- Ihre bei uns als Vorarbeiter eingesetzten Mitarbeiter müssen sich eigenständig darum kümmern, wer ihr Ansprechpartner bzw. Koordinator ist und welche besonderen Sicherheitsvorschriften in die Richtungen Brandschutz, Arbeitsschutz, Umweltschutz und Abfallentsorgung bei uns gelten
- Unsere Brandschutzordnung liegt Ihnen in Kopie bei; wir erwarten, dass alle Mitarbeiter Ihres Hauses, die bei uns arbeiten, diese kennen und einhalten
- Wir erwarten das Kennen und das Einhalten sämtlicher si-

cherheits- und brandschutzrechtlicher gesetzlicher und behördlicher Vorschriften, insbesondere verweisen wir auf die nachfolgenden:

  - Berufsgenossenschaftliche Vorgaben, u. a.: BGV A 1, BGV C 22 und die arbeitsmedizinsichen Vorsorgeuntersuchungen
  - Technische Regeln zur Betriebssicherheit und ggf. weitere
  - ArbStättV
  - ArbSichG
  - ArbSchG
  - BetrSichV
- Die Grundunterweisungen haben von Ihnen zu erfolgen, die individuellen Unterweisungen gibt Ihnen unser Haus vor, meist durch den Koordinator
- Das Stellen von Handfeuerlöschern wird durch uns oder durch Ihr Haus geregelt; Pulverlöscher werden bei uns in den Abteilungen ... nicht eingesetzt
- Unsere firmenspezifischen Vorgaben liegen anbei (oder: bekommen Sie auf Anfrage)
- Bei uns gibt es grundsätzlich einen Erlaubnisschein für Heißarbeiten
- Persönliche Schutzausrüstung ist, so nötig, von Ihrem Haus für Ihre Mitarbeiter zu stellen
- Die von Ihnen eingesetzten Gerätschaften sind mindestens nach den Vorgaben der TRBS 2131 (vormals: BGV A 3 und VBG 4) zu überprüfen (vgl. das nachfolgende Foto)
- Die Abfallentsorgung muss organisiert sein; im Zweifelsfall befragen Sie bitte unseren Koordinator
- Ab je ... Mitarbeiter von Ihrem Haus, die bei uns arbeiten, erwarten wir je einen mit Erste-Hilfe-Ausbildung
- Ihr Haus stellt auch ein Erste-Hilfe-Set

- Bei uns ist der Einsatz von Subunternehmern erlaubnisbedürftig (bzw. grundsätzlich verboten, außer Sie haben die schriftliche Freigabe)
- u. a. m.

Dieser Wasserkocher fing 5 Jahre nach seiner Anschaffung zu brennen an – er wurde nie von einer Fachkraft überprüft

Man muss sich nicht sklavisch an diese Liste halten. Durch eine individuelle Ergänzung und punktuelle Streichung sowie durch eine Überarbeitung des Hausjuristen wird man eine Vertragsbasis zusammenstellen, die den jeweiligen Auftragsnehmern zeigt, dass man bei Ihnen im Unternehmen den sicherheitstechnischen Gedanken ernst nimmt.

4.8 Verhalten nach Bränden

„Nach“ einem Brand bedeutet, dass das Feuer bereits gelöscht ist, meist durch die Feuerwehr. Diese hat im Unternehmen nun bestimmte hoheitliche Rechte und/oder wird weitere Behörden hinzuholen, um Schäden, Verletzungen, Krankheiten oder Behinderungen von Menschen oder eine Schädigung der Umwelt abzuhalten. Menschen müssen nun besonders aufpassen, dass durch das Feuer freigesetzte Giftstoffe weder durch die Atmung (Nase, Mund), noch über die Haut (Berührung, Reibung, Kontakt) oder den Mund (Aufnahme von Essen und Trinken) in menschliche Körper gelangen. Dies gelingt am besten durch die sichere Entfernung von der Brandstelle, durch das Tragen von Partikelfiltern, durch Schutzkleidung, Schutzschuhe, Handschuhe und ganz wesentlich durch das richtige Verhalten. „Richtig“ verhält man sich, wenn man sich nach körperlichen Arbeiten nicht mit dem Handrücken den Schweiß von der Stirn wischt oder sich über Mund/Nase mit der Hand (unabhängig ob mit oder ohne Handschuh) wischt – dabei geraten oft 100-mal mehr Giftstoffe in den Körper als durch die Atemluft! Und „richtig“ bedeutet auch, dass man Nahrung und Getränke immer außerhalb des gefährdeten Bereichs aufnimmt. Bei und nach Bränden muss man grundsätzlich an die nachfolgenden Gefahren denken (die natürlich nicht immer alle anstehen):

- Thermische Gefahr (beim Brand)
- Chemische Schadstoffe
- Biologische Schadstoffe
- Radioaktive Strahlen (Messgeräte, Brandmelder: Ionisationsmelder)
- Zeitdauer der Einwirkungen
- Synergistische Wirkungen der o. a. Gefahren

- Festlegung von 4 Gefahrenbereichen 0 (= relativ harmlos) bis 3 (= hoch gefährlich)

Die Gefahrenbereiche, abgekürzt GB, definieren sich wie folgt:

- **GB 0:** Nur kleine Mengen sind verbrannt (Papierkorb, Küche, Adventkranz)
- **GB 1:** Ein Raum mit üblichen Mengen an Papier, PVC, Elektrogeräten
  - **GB 1a:** Größere Wohnungsbrände, Dachstuhl- und Kellerbrände
  - **GB 1b:** Brände in öffentlichen Gebäuden (Schule, Krankenhaus, Kindergarten, Seniorenheim, ...)
  - **GB 1c:** Gewerbliche und industrielle Brände
- **GB 2:** Brände mit größeren Mengen an PVC, Elektrokabeln und gravierender Kontamination
- **GB 3:** Brände mit großen Mengen kritischer Stoffe (Gifte, PCB, Holz- und Pflanzenschutzmittel, ...)

Ein Sachverständiger bzw. eine sog. Befähigte Person legt fest, welcher Gefahrenbereich nach einem Brand Gültigkeit hat. Hierbei kann man sich gut auf die verantwortungsvollen Sachverständigen der Versicherungen verlassen, die objektiv im Interesse der Menschen (und nicht der Kosten für ihren Arbeitgeber) handeln. Nach einem Brand kann man einen Chemie-Sachverständigen hinzuziehen, um Messungen durchzuführen und das weitere Vorgehen abzuklären (Wischproben, Bohrproben). Die Versicherer übernehmen in der Regel die Kosten für solche Sachverständigen; im Zweifelsfall sollte man sich vorab informieren. Nicht nötig ist das bei den GB 0 und GB 1a; bei den GB 1b und 1c ist es meist auch nicht nötig, eventuell aber empfehlenswert; hier muss eine Einzelfallbetrachtung erfolgen. Ab der GB 2 wird so ein qualifizierter Sachverständiger empfohlen und die GB 3 macht ihn immer erforderlich.

An der erkalteten Brandstelle arbeiten ausschließlich besonders verantwortungsvolle und unterwiesene Arbeiter, die mindestens Betriebsanweisungen nach BGV A 1, nach der GefStoffV und der TRGS 555 erhalten haben. Diese Anweisungen erfolgen dokumentiert vor Beginn der Tätigkeit in verständlicher Sprache und Form; hierbei wird insbesondere auf Gefahren, Gefahrstoffe, zu erledigende Tätigkeiten, Beschreibung dieser Tätigkeiten und Erläuterung der PSA eingegangen. Beim Umgang mit kalten Brandstellen gibt es folgende Verhaltensregeln:

- Bei kleineren Zimmerbränden sind meist keine besonderen Schutzmaßnahmen nötig, auch wenn dabei Kunststoffe wie PVC verbrannt sind
- Positiv ist die Tatsache, dass Rauchgasgifte stark rußgebunden sind und deshalb meist kein Atemschutz nötig wird, denn der Brandgeruch allein ist meist überhaupt nicht gesundheitsschädlich
- Eine Reinigung und Sanierung ist auch von Privatpersonen möglich, meist ohne besonderen Schutz (jedoch empfehlen sich Handschuhe, Kleidung, Atemfilter)
- Schadstoffe sind immer nur nachweisbar bei einer optisch wahrnehmbaren Brandverschmutzung; deren rechtzeitige Beseitigung entfernt auch die Schadstoffe
- Frühestens 60 min. nach Erkaltung betritt man die Brandstelle (nicht 60 min. nachdem das Feuer gelöscht ist)
- Der Bereich muss umgehend und ausreichend gut belüftet werden
- Brandreste dürfen unter keinen Umständen in nichtbetroffene Bereiche übertragen werden (Böden abdecken mit Folien); dadurch entstehen weitere, unnötige Schäden, die nicht ver-

sicher sind

- Es gilt, beim Übergang die Schuhe entweder zu wechseln oder abzuwaschen
- Gibt es im Brandbereich Klima- oder Lüftungsanlagen, müssen diese anschließend von einer Fachfirma überprüft bzw. gereinigt werden

Wenn man sich nicht sicher ist, so holt man sich einen sachkundigen Koordinator nach BGR 128, dieser legt dann die weiteren Maßnahmen, den Arbeits- und Sicherheitsplan, Schutzmaßnahmen, zeitliche Abfolgen usw. fest; er hält auch Kontakt zu Behörden und zur Berufsgenossenschaft, dokumentiert die Vorkommnisse, hält Messwerte fest usw.

Nach einem Brand sind Giftstoffe im Brandrauch in hoher Konzentration gasförmig, fest oder flüssig enthalten: CO, CO_2, HCl, HBr, HCN, PCB. Mit der Rauchabkühlung findet eine Schadstoffausscheidung für alle Arten im Ruß statt; die starke Bindung verhindert auch weitgehend die Abgabe an den Körper, selbst beim Verschlucken. Die starke Schadstoffbindung an den Ruß minimiert die Mobilität. Was nicht geschehen darf ist, dass derart verschmutztes Löschwasser ins Erdreich gelangt.

Vor einem Brandschaden kann man sich schon mal um Sanierungsfirmen (Geräte, Gebäude) kümmern, dazu auch seinen Versicherer befragen; der Versicherungsschutz (Dekontamination, Entsorgung) muss den tatsächlichen Gefährdungen angepasst sein. Grundsätzlich gilt jedoch, dass Brandfolgeschäden versichert sind. Umgehend bei/nach einem Brand ist immer der eigene Versicherer zu informieren, der Bereich ist gut zu be- bzw. entlüften und möglichst gut zu entfeuchten (< 40 % rel. F.), damit Korrosionsprozesse nicht stattfinden können. Elektrische/elektronische Geräte sollten, ohne Eigengefährdung, möglichst aus den betroffenen Bereichen entfernt werden. Wer sich vertieft mit Vorschriften und Vorgaben zu dieser Thematik auseinandersetzen will, soll sich folgende Unterlagen besorgen:

- TRGS 524 (Arbeiten in kontaminierten Bereichen)
- VdS 2357 (Richtlinien zur Brandschadensanierung)
- VdS 2217 (Umgang mit kalten Brandstellen)
- BGR 128, vormals ZH1/183 (Kontaminierte Bereiche)
- BGV B 1 (Umgang mit Gefahrstoffen)
- Leitfaden der T-BG: Arbeiten in kontaminierten Bereichen
- TRGS 555 (BGV A 1)
- Gefahrstoffverordnung
- Biostoffverordnung
- Kreislaufwirtschaftsgesetz
- Abfallgesetz
- Baustellenverordnung
- Empfehlungen vom Bundesgesundheitsamt
- TRGS 102 (Richtkonzentrationen)
- TRGS 402 (Luftkonzentration)
- TRGS 440 (Gefahrstoffe am Arbeitsplatz)
- TRGS 519 (Asbest)
- TRGS 900 (Grenzwerte)
- TRGS 903 (Biologische Stoffe)
- TRGS 905 (Fortpflanzung, Erbgut, Krebs)
- TRBA 500 (Hygieneanforderung)
- BGI 536 (Gefahrstoffe) und BGI 564 (Umgang damit)
- BGI 580 (Fremdarbeiter)
- BGR 190 (Atemschutz)
- BGV A 4 (med. Vorsorge)
- BGV C 22 (Bauarbeiten)
- Bundesgesundheitsblatt 01/90, Reinigung nach Bränden
- DIN 38490: Wasseruntersuchung,
- u. a. m.

5 Die Bauordnungen

Vorab: Einige Bundesländer sind gerade dabei, die Baugesetze abzuändern und zwar die Gaststätten-Bauverordnung mit der Versammlungsstätten-Bauverordnung zusammen zu legen und eine eigene Beherbergungs-Bauverordnung (also für Hotels und Pensionen) zu kreieren. Pauschal kann jedoch hier gesagt werden, dass die brandsschutztechnischen Anforderungen grundsätzlich bestehen bleiben und die nachfolgenden Texte deshalb aktuell und korrekt sind. Dieses Grundlagenbuch kann und soll nicht als Planergrundlage dienen, sondern zur Information über Brandschutzanforderungen.

Das Baurecht ist so komplex und kompliziert wie z. B. das Erbrecht, unser Steuersystem oder eine medizinische Fachrichtung. Dieses Grundlagenbuch mit nicht mehr als 230 Seiten für viele Themen des Brandschutzes kann und will hier in diesem Kapitel deshalb auch nur grundsätzlich über das System baurechtlicher Bestimmungen informieren. Darüber hinaus gilt, dass jedes Bundesland eigene Verordnungen zu den Bereichen Landesbaurecht, Garagenbaurecht, Versammlungsbaurecht, Hotelbaurecht, Verkaufsstättenbaurecht und andere mehr heraus gibt. Die in den nachfolgenden Unterkapiteln angegebenen Punkte und Vorgaben treffen deshalb bei einigen Bundesländern so wie aufgeführt zu, bei anderen sind einzelne Vorgaben punktuell entweder schärfer, oder großzügiger ausgelegt. Hier soll lediglich der Trend aufgezeigt werden, was man grundsätzlich in welche Richtung fordert bzw. fordern kann. Zur Erstellung von Brandschutzkonzepten für konkrete Gebäude muss man deshalb immer die jeweils gültige Vorschrift aus den Landesgesetzen heran ziehen.

Welche Ziele verfolgt der Staat mit der Erlassung von Vorschriften in Richtung des baulichen Brandschutzes? Es handelt sich primär um die nachfolgend aufgeführten Punkte, mit abnehmender Priorität:

- Menschenleben im und am Gebäude nicht gefährden
- Brandentstehungen in Gebäuden vermeiden
- Brand- und Rauchausbreitung in Gebäuden vermeiden
- Im Brandfall die Flucht der Menschen im Gebäude ermöglichen
- Im Brandfall einen effektiven Feuerwehr-Löscheinsatz im Gebäude ermöglichen
- Im Brandfall die Rettung von hilfebedürftigen Menschen im Gebäude ermöglichen
- Sachschäden für Gebäude und Inhalte minimieren
- Betriebsunterbrechungen vermeiden/minimieren

Durch andere Vorschriften, die primär in den verfahrenstechnischen und organisatorischen Bereich reichen, will der Gesetzgeber dann erreichen, dass das Verhalten und die ablaufenden Aktivitäten (Wohnen, Verkauf, Kino, Produktion, Lagerung, Restaurant, ...) in Gebäuden ebenfalls nicht zu Bränden führen, doch dazu findet sich im Hauptkapitel 6 mit seinen Unterkapiteln mehr.

Baurecht ist meist Ländersache. Es gibt für viele Gebäudearten sog. Musterbauverordnungen, die jedoch keinen Gesetzescharakter haben. Die Bundesländer diskutieren diese Bestimmungen, übernehmen sie teilweise oder ganz in ihr Landesrecht oder lehnen eine gesetzliche Regelung für eine Gebäudeart teilweise gänzlich ab; dies ist z. B. für Krankenhäuser der Fall: Nur einige Bundesländer haben eine Krankenhausverordnung – dies bedeutet jedoch nicht, dass die Krankenhäuser in diesen Ländern besser geschützt wären als in den anderen Bundesländern; vielmehr ist in allen Bundesländern festzustellen, dass in privat geführten Häusern der Brandschutz strenger ausgelegt und mehr überprüft wird.

Grundsätzlich gilt, dass die Nutzung für ein Gebäude vorgegeben ist. Unter „Nutzung" fällt nicht nur eine bestimmte Unternehmensart wie z. B. Arbeitsstätte, Werkstatt, Lager, Kino, Museum oder Gaststätte, sondern auch die Art und Anzahl der Personen, mit denen im Gebäude üblicherweise gerechnet werden muss. Sobald hier eine Änderung stattfindet und sich das Gefahrenpotenzial verändert, verlagert oder erhöht, erlischt die Betreibergenehmigung, man muss eine neue beantragen: Hier wird dann meist mehr in Richtung Sicherheit gefordert.

Die wesentlichen Betriebsarten eines Gebäudes sind in den nächsten 11 Unterkapiteln abgehandelt. Die übliche Landesbauordnung gilt lediglich für „normale" Gebäude und das sind Wohnhäuser bis zur Hochhausgrenze, solche mit Büros und kleinen Gewerbeeinheiten, Arztpraxen usw.; als Sonderbauten zählen lt. Bauordnung:

- Sportstätten
- Kirchen
- Messen
- Ausstellungen
- Krankenhäuser
- Behindertenheime
- Schulen, Universitäten
- Verkaufsstätten
- Fliegende Bauten (Volksfeste)
- Campingplätze
- Grundsätzlich bauliche Anlage höher 30 m

- Gebäude > 1.600 m² Grundfläche
- Hochhäuser (d. h. der Fußboden des höchsten Aufenthaltsraums ist höher als 22 m, gemessen zum Erdreich vor dem Gebäude)
- Hochregallager (> 7,5 m Lagerhöhe, vom Boden aus gemessen zur Oberkante des Lagerguts)
- Gefängnisse
- Versammlungsstätten
- Entbindungsheime
- Pflegeheime
- Kindergärten
- Gaststätten
- Großgaragen (d. h. mehr als 1.000 m² Garagen-Nutzfläche)
- Gebäude mit erhöhten Brand- und Explosionsgefahren
- Gebäude mit erhöhten Gesundheitsgefahren
- Gebäude mit erhöhten Verkehrsgefahren
- Gebäude und technische Anlagen, die der Immissionsschutzverordnung unterliegen

Für diese Gebäude kann es nun entweder eigene Bauverordnungen mit geringeren oder höheren Auflagen geben, oder es gilt die Landesbauordnung mit individuell zu bestimmenden bzw. verhandelbaren, zusätzlichen Brandschutzmaßnahmen – primär in bauliche und technische, aber auch in organisatorische Richtung.

Für Gebäude grundsätzlich zugelassene Baustoffe und Bauteile müssen nach der DIN 4102 klassifiziert und somit brandschutztechnisch einstufbar sein; meist gilt lt. Landesbauordnung ein generelles Verbot leichtentflammbarer Baustoffe, was im Umkehrschluss alle anderen Baustoffe grundsätzlich erlaubt. Für Sonderbauten gilt meist ein pauschales Verbot brennbarer Baustoffe. Die Bauordnung teilt Gebäude in Gebäudeklassen (= GK) ein, nummeriert von 1 – 5:

- GK 1: Freistehend; geringe Höhe (d. h. der Boden des höchsten Fußbodens mit Aufenthaltsmöglichkeiten ist vertikal gemessen zur Fläche vor dem Gebäude ≤ 7 m); das Gebäude ist ≤ 400 m² und verfügt über maximal 2 Nutzungseinheiten (z. B. zwei Wohnungen, oder ein Büro und eine Arztpraxis)
- GK 2: Wie GK 1, aber nicht freistehend, oder landwirtschaftliche Gebäude
- GK 3: Sonstige Gebäude geringer Höhe (≤ 7 m), also auch mit mehr als 400 m² und mehreren Nutzungseinheiten
- GK 4: Gebäude ≤ 13 m Höhe (gemessen wird vom Boden vor dem Gebäude bis zum Fußboden des höchstliegenden Aufenthaltsraums, nicht bis zur Dachspitze oder bis zum als Abstellraum genutzten, nicht ausgebauten Dachboden); die Nutzungseinheiten sind ≤ 400 m² je Etage
- GK 5: Sonstige Gebäude nach MBO, jedoch keine Sonderbauten

Es gibt in den neuen Bauordnungen 3 Klassen, mit denen die Feuerwiderstandsfähigkeit eingestuft wird; nach 30, 60 oder 90 Minuten einseitiger Beflammung bzw. Erwärmung nach der Einheitstemperaturkurve dürfen diese Bauteile dann versagen, sie halten aber in der Regel (bei „normalen" Bränden) wesentlich länger:

- Feuerhemmend (F 30)
- Hochfeuerhemmend (F 60)
- Feuerbeständig (F 90)

Diese Einstufung erfolgt in Deutschland noch nach der DIN 4102; im Rahmen der Vereinheitlichung der europäischen Vorgaben wird die EN 13501 wohl demnächst die DIN 4102 ablösen. Tragende Wände, Pfeiler, Stützen müssen im Keller F 90-G bei den GK 4 und GK 5 sein, ansonsten (d. h. bei den GK 1, GK 2 und KG 3) ≤ F 30. Oberhalb vom Keller gilt:

Gebäudeklasse	Bauart
GK 5	F 90-G
GK 4	F 60-G
GK 3	F 30
GK 2	F 30
GK 1	-

Außenwände sind so auszubilden, dass eine Brandentstehung im Gebäude bei einem Brand außerhalb ausreichend lange begrenzt wird (die alte MBO sagte hier: ≥ F 30): Was „ausreichend lange“ ist, wird nicht angegeben. Fensterprofile und Dichtungsstoffe sowie Dämmstoffe müssen mindestens schwerentflammbar oder nichtbrennbar sein. Trennwände zwischen unterschiedlichen Nutzungseinheiten, d. h. zu anders genutzten Räumen müssen rauchdicht sein und ansonsten lt. Gebäudeklasse:

- GK 5: F 90-G
- GK 4: F 60-G
- GK 3 und 2: F 30
- Immer in Dachräumen: F 30
- Immer im Keller: F 90-G
- Öffnungen (damit sind primär Türen gemeint) in Trennwänden: F 30/T 30

Für Brandwände gilt lt. neuer Musterbauordnung, dass sie nicht mehr starr F 90 und nichtbrennbar sein müssen, sondern je nach Gebäudeklasse:

- GK 5: F 90-N
- GK 4 bis 2: ≥ F 60-G

Darüber müssen Brandwände übereinander angeordnet sein und bis zum Dach führen. Innere Brandwände dürfen versetzt sein, wenn sie feuerbeständig sind, die Decken im Bereich der Brandwand nach F 90-N ausgelegt und öffnungslos sind, Wände und Decken ebenfalls in F 90-N errichtet sind, die Außenwand F 90-G ist und es durch Öffnungen in den Außenwänden keine Brandübertragung geben kann. Dennoch ist eine versetzte Brandwand immer als eine selten zu realisierende Notlösung anzusehen. Decken müssen die Ausbreitung von Feuer und Rauch verhindern. Konkret bedeutet das für die unterschiedlichen Gebäudeklassen:

- GK 5: F 90-G *)
- GK 4: F 60-G (Keller: F 90-G)
- GK 3: F 30 *)
- GK 2: F 30 *)
- GK 1: – (Keller: –)

*) Gilt auch für die Kellerdecke

Die tragenden Teile von sog. Notwendigen Treppen sind in den „oberen“ Gebäudeklassen wie folgt gefordert:

- GK 5: F 30-N
- GK 4: Nichtbrennbar, DIN 4102
- GK 3: Nichtbrennbar oder F 30
- Die nutzbare Breite wird in Anlehnung an die Versammlungsstättenverordnung bemessen, d. h. (früher 1 m je 150 Personen) 1,20 m je 200 Personen und je Ebene (nicht aufs ganze Gebäude bezogen, sonst müssten die Treppen nach unten breiter werden, was widersinnig wäre), dann je 100 Personen/Etage zzgl. 60 cm

Doch nicht nur die Treppen, auch die Treppenräume (vgl. nachfolgendes Foto) und die daran angebundenen Ausgangsbereiche sind geregelt:

- Bekleidungen, Wandoberflächen, Dämmstoffe und Einbauten nichtbrennbar
- Bodenbeläge mindestens schwerentflammbar oder nichtbrennbar
- Eigene Treppenräume sind unnötig bei:
  - GK1, GK 2
  - Außen liegenden Treppen
  - Für die Verbindung einer Nutzungseinheit in 2 Geschossen ≤ 200 m², wenn es je Etage noch einen anderen Rettungsweg gibt
- Treppenräume in der GK 5: F 90-N
- Treppenräume in der GK 4: F 60-G
- Treppenräume in der GK 3: F 30

Das Glas in der Wand zwischen Büroeinheit und Treppenraum ist nicht der Bauordnung entsprechend, es muss gegen eine feuerbeständige Brandwand ausgetauscht werden

Weiter gilt, dass innen liegende Treppenräume (das sind solche, die keine Anbindung an eine Außenwand haben, also auch keine Fenster) in Gebäuden höher als 13 m (lt. alter Bauordnung: Bei mehr als 5 vollwertigen Etagen) eine Sicherheitsbeleuchtung benötigen. Innenliegende Treppenräume und notwendige Treppenräume in Gebäuden höher 13 m brauchen einen Rauchabzug mit einer lichten Öffnung von ≥ 1 m² an oberster Stelle, diese muss vom EG und vom obersten Stock aus bedienbar sein. Ansonsten (d. h. für Treppenhäuser, die an der Außenwand liegen und über eine Verglasung verfügen) müssen Treppenräume belüftbar sein und zwar je Etage ≥ 0,5 m² (mehr wäre besser).

Was sind nun sog. Notwendige Flure? Sie führen direkt oder indirekt (d. h. über Notwendige Treppen) von Nutzungseinheiten zu den Gebäudeausgängen. Man braucht selbstschließende und nicht abschließbare Rauchschutztüren, wenn die Flure länger als 30 m sind und die Flure dürfen nicht länger als 15 m sein, wenn sie nur zu einem Sicherheitstreppenraum führen (das ist meist nur in Hochhäusern der Fall), vgl. nachfolgendes Foto. Sog. Notwendige Flure gibt es nicht innerhalb von Wohnungen, nicht in den GK 1 + 2, in Nutzungseinheiten ≤ 200 m² und in Großraumbüros ≤ 400 m².

Dieser außen liegende Treppenraum in einem Gebäude mit einer Höhe < 13 m ist im Brandfall besonders sicher, da kein Rauch eindringen kann und es oben offen ist

Die Absturzsicherung vor bzw. an Fenstern tangiert primär den Arbeitsschutz, aber sie ist trotzdem für den Personenschutz besonders wichtig. Die „normalen“ Fensterbrüstungs-Höhen müssen vom 1. OG bis zum 5. OG mindestens 80 cm hoch sein, darüber ≥ 90 cm; die Fensterbrüstungen von Fluchtfenstern darf nicht ≤ 1,1 m sein (diese Zahl sollte überall realisiert werden, denn ein Absturz vom 3. OG ist ebenso schnell behindernd oder tödlich wie vom 6. OG). Bei Decken und Dachumwehrungen gilt in Deutschland bei einer Absturzhöhe ≤ 12 m: ≥ 90 cm und darüber, d. h. die Absturzhöhe ist höher als 12 m: ≥ 1,1 m; auch hier wird empfohlen, die 110 cm nirgends zu unterbieten.

Da im Brandfall die Brandwärme stark nach oben geht, sind Brandlasten (z. B. die Dachhaut, Dach-Isolationsmaterialien) dort durchaus kritisch zu beurteilen; Bitumendächer haben ca. 170 kWh/m² Brandlasten, was in etwa 12 l Dieseltreibstoff je m² entspricht (!). Wer eine Halle mit nur 1.600 m² Grundfläche hat, der hält also auf seinem Dach ca. die Energie von ca. 20.000 l Diesel bereit. Dabei macht der Bitumenkleber, die Dampfsperre und die Klebeschicht nur einen kleinen Prozentsatz aus, das Polystyrol und dann besonders das Bitumen den Hauptanteil. Man tut sich also einen großen Gefallen, wenn man das Dach weitgehend nichtbrennbar auslegt: Das Feuer wird nicht so groß, das Gebäude meist nicht total zerstört, woraus eine kürzere Betriebsunterbrechung resultiert.

Die Bauordnungen geben vor, dass jede Nutzungseinheit (wie ein Büro, eine Wohnung, ein Arbeitsplatz, ...) in jeder Ebene mindestens 2 Fluchtwege braucht. Das können 2 Treppen sein, oder ein sog. Sicherheitstreppenraum (das ist eine Treppe, die im Brandfall nach menschlichem Ermessen nicht verrauchen kann). Der erste Fluchtweg muss immer baulich gegeben sein in Form von Fluren, Treppen – oft in Treppenräumen und Ausgängen. Der zweite Fluchtweg kann bei besonderen Gebäuden ebenfalls baulich gefordert sein (dann meist möglichst entgegengesetzt liegend), oder er besteht aus tragbaren oder fahrbaren Leitern der Feuerwehr. Dazu muss es Fenster geben, meist mit den Abmessungen 90 cm zu 120 cm, die anleiterbar sind; um an die Fenster zu gelangen, muss die Feuerwehr entweder einen Zugang (tragbare Leitern, d. h. bis 7 m Höhenunterschied, vgl. das nachfolgende Foto) oder eine Zufahrt (ab 7 m, bis 22 m) haben. Für diese Zufahrten gibt es ebenfalls Vorgaben hinsichtlich der Befestigung, der Kreisradien, der Lage, der Neigungen und der Ausführung.

Bei dieser Feuerwehrübung wird gezeigt, wie man mit tragbaren Leitern Personen rettet

Wände müssen meist nichtbrennbar, feuerhemmend oder feuerbeständig (um Räume mit erhöhter Brandgefahr) sein, je nach den Anforderungen, der Gebäudeart und der Gebäudenutzung. Wände um Treppen werden so stabil wie Brandwände ausgeführt, sie erhalten zum Keller feuerhemmende Türen und dies auch zu nicht ausgebauten Dachräumen oder Lagerbereichen.

Die LBO fordert oft lediglich ein Minimum und das ist in Richtung Personenschutz gerichtet). Der Gebäudebesitzer hat meist ein großes Interesse, mehr in den Brandschutz zu investieren, als von der jeweiligen Bauordnung erwartet wird.

5.1 Landesbauordnung

Viele wesentlichen Bestandteile der Landesbauordnung(en) befinden sich im vorangegangenen Kapitel 5. Darüber hinaus gilt für Gebäude, die nach der LBO errichtet werden, u. a. das nachfolgende.

Die wesentlichste, allgemeine Anforderung der Landesbauordnung lautet (Auszug aus allen 16 deutschen Landesbauordnungen): „Gebäude müssen so beschaffen sein, dass der Entstehung eines Brands und der Ausbreitung von Feuer und Rauch vorgebeugt wird und bei einem Brand die Rettung von Menschen und Tieren sowie wirksame Löscharbeiten möglich sind.“ Wie lassen sich diese 5 wichtigen Forderungen nun umsetzen, was steckt hinter diesem Schutzziel?

- Entstehung eines Brands vorbeugen: Dies gelingt durch bauliche Maßnahmen immer dann, wenn man nichtbrennbare Gebäudebestandteile verwendet; vor allem im Isolationsbereich ist das von Bedeutung; dabei dürfen Türen, Fenster und deren Rahmen ohne weiteres aus Holz sein oder der Boden mit Parkett oder Teppichboden belegt sein
- Ausbreitung von Feuer verhindern: Dies gelingt, indem man feuerwiderstandsfähige Bauteile einsetzt, die ein Feuer auf den Entstehungsbereich begrenzt hält
- Ausbreiten von Rauch verhindern: Dieses lebenswichtige Schutzziel erreicht man, indem dichte oder gleich rauchdichte Türen (und natürlich auch Wände), die gleichzeitig auch feuerhemmend sein können, eingebaut werden
- Rettung von Lebewesen ermöglichen: Fluchtwege müssen brandlastfrei sein, damit Menschen im Gebäude sicher ins Freie gelangen können und nicht durch verrauchte, brennende Bereiche fliehen müssen

- Wirksame Löscharbeiten ermöglichen: Es muss ausreichend viel Löschwasser geben, dessen Entnahmestelle sind ständig freihalten, ebenso die Anfahrwege für die Feuerwehrfahrzeuge

Die elementarste, wichtigste Forderung im Brandschutz ist, Fluchtwege freizuhalten; das fordern neben der Landesbauordnung, wie eben aufgezeigt, auch noch die Arbeitsstättenverordnung, die BGV A 1 sowie in Bayern die Verordnung zur Verhütung von Bränden. Fluchtwege sind Flure, Gänge, Treppenräume/Treppenhäuser, Ein-/Ausgangshallen und ggf. noch die Bereiche vor dem Gebäude, bis hin zur öffentlichen Straße.

Brandwände muss man, je nach Bundesland alle 40 oder 60 m in ein Gebäude einziehen. Sie müssen meist eine Feuerwiderstandsdauer von mindestens 90 Minuten haben und sie müssen danach noch stabil sein. Brandwände sind meist 30 cm über die Dachhaut zu führen oder sie müssen beiderseitig je 50 cm feuerbeständig ausgeführt werden; brennbare Gegenstände wie Holz oder Bitumen dürfen nicht darüber gehen. Bei einem Gebäudeknick von weniger als 120° müssen Brandwände von der Innenseite mindestens 5 m entfernt liegen, oder die Außenwand ist in eine Richtung mindestens 5 m feuerbeständig und ohne Öffnung. Außenliegende Brandwände dürfen keine Öffnungen haben, selbst wenn es sich um feuerbeständige Türen handelt.

Es ist zwar nicht immer so vorgeschrieben, aber es empfiehlt sich häufig, unterschiedliche Unternehmensbereiche brandschutztechnisch voneinander zu trennen; diese können sein:

- Produktion von Holz, Elektronik, Glas, Kunststoffen, Metallen, Lebensmittel, Textilien, ...

- Lackierbereiche
- Lagerbereiche: Ausgangsteile, Fertigteile, Feststoffe, Gase, brennbare Flüssigkeiten, Kartonagenlager, Kommissionierung, Gabelstaplerladebereich und ab bestimmten Werten auch innerhalb gleicher Lager, ...
- Reparaturbereiche
- Gebäude-/Haustechnik
- Büros, Verwaltung
- EDV/RZ: Bedienter CPU-Raum, unbedienter CPU-Raum, Technikbereiche, Druckerbereiche, ...
- Forschung/Entwicklung
- Sozialbereiche wie Kantine, Umkleide-/Duschbereiche

Treppen und Treppenräume gelten meist dann als sog. Notwendige Treppen/Treppenräume, sobald es oberhalb vom 1. Obergeschoss noch Bereiche mit Aufenthaltsebenen gibt. Die Treppenräume sollen bzw. müssen vertikal unversetzt durch ein Gebäude gehen (dies gilt auch für die Anbindung vom Dachgeschoss und Keller). Tragende Treppenteile sind F 30/F 90 bei Gebäuden ≤/> 7 m Höhe und ein Treppenraum ist ab dem 2. OG nötig. In Treppenräumen ist bei Gebäuden ab unterschiedlichen Höhen bzw. Etagenanzahl eine Entrauchung an möglichst oberster Stelle nötig; je Etage (im EG gilt die Gebäudeausgangstür als Entrauchungsöffnung) soll es darüber hinaus eine aufmachbare Öffnung geben, die z. B. ≥ 0,5 bzw. 1 m^2 je Etage bzw. ≥ 5 % der Grundfläche lichte Öffnung freigibt. Die Entrauchung soll auch ganz oben sein (sonst wird man dem bereits genannten Schutzziel nicht gerecht, wirksame Löscharbeiten und Fluchtmöglichkeiten zu schaffen), ab > 5 Etagen bzw. ≥ 13 m Höhe muss eine Entrauchungsöffnung möglichst weit oben liegen, die vom EG und von der obersten Etage aus anfahrbar ist.

Im Brandfall ist das Schließen von Türen und deren Widerstandszeit gegen Rauch, Hitze und Flammen von großer Bedeutung. Es gibt völlig unterschiedliche brandschutztechnische Anforderungen an Türen:

- Keinerlei Türen in äußeren Brandwänden
- In inneren Brandwänden: T 90
- In F 90-Wänden: T 30
- F 30-Wänden: Vollwandig und dicht bzw. rauchdicht
- Zur Flurunterteilung ab 30 m Flurlänge: Selbstschließend, dicht bzw. rauchdicht, nicht abschließbar
- Vom Treppenhaus zu einem Technikraum oder Lager, zum Keller und zum nicht ausgebautem Dachbereich: T 30
- Vom Treppenhaus zu einem Flur: Selbstschließend, vollwandig, dicht bzw. rauchdicht (je nach Bundesland unterschiedlich)

Es gibt folgende Arten von Brandschutztüren:

- Feuerhemmend (T 30)
- Hochfeuerhemmend (T 60)
- Feuerbeständig (T90)
- Zusätzlich können sie noch rauchdicht sein, d. h. die Tür ist nicht nur seitlich und oben (wie jede Brandschutztür), sondern zusätzlich auch unten im geschlossenen Zustand rauchdicht (durch Anschlagen oder eine nun ausfahrende Dichtlippe)
- Brandschutztüren sind immer entweder permanent selbstschließend oder nur im Brandfall; dann hält ein Elektromagnet sie offen und mit Auslösung durch einen der mindestens 2 Rauchmelder wird die Tür geschlossen
- Nach Arbeitsende schließen (das fordern die Herstellervorgaben und auch die Feuerversicherer in den Allgemeinen Si-

cherheitsvorschriften der Feuerversicherer, kurz: ASF)

- Brandschutztüren muss man regelmäßig warten: Monatlich durch einen Mitarbeiter inspizieren und jährlich (nach der Vorgabe des Deutschen Instituts für Bautechnik, kurz DIBt e. V., Berlin) durch eine sog. Befähigte Person; dies muss auch protokolliert werden, festgestellte Mängel sind baldmöglichst zu beseitigen
- Brandschutztüren dürfen nie aufgekeilt sein (dies verbieten die Feuerversicherer und auch das Strafgesetzbuch im § 145)
- Änderungen an Brandschutztüren sind evtl. verboten oder gemäß den Herstellerangaben erlaubt

Wer Brandschutztüren hat, sollte sie mindestens nach der nachfolgenden Checkliste hin überprüfen:

- Ist die Tür noch vorhanden und eingebaut?
- Sind die Dichtlippen noch da (Achtung: Nicht jede Brandschutztür braucht Dichtlippen, aber wenn doch, so werden sie ab und zu beschädigt oder entfernt)?
- Ist die Tür ständig zu?
- Wird sie über Rauchmelder geschlossen: Sind die Rauchmelder noch vorhanden?
- Ist der gesamte Schließmechanismus o.k.?
- Ist ein Hinweisschild „Aufkeilen verboten“ angebracht (dies macht Sinn, ist aber nicht unbedingt erforderlich)?
- Bei zweiflügeligen Brandschutztüren (= T 30-2): Ist ein funktionsfähiger Schließfolgeregler angebracht?
- Gibt es offene Bohrlöcher in der Wand oberhalb der Tür?
- Ist das Schloss rauchdicht?
- Bei Brandschutztüren, die zugleich auch rauchdicht sind: Ist die Tür unten dicht im geschlossenen Zustand?

- Ist ein Türfeststeller (Hacken, Einraster) verbotenerweise angebracht worden?
- Ist die Tür oder deren Rahmen/die Zarge angerostet, beschädigt, angebohrt?
- Ist die Tür korrekt eingeputzt?
- Sind Griffe, Schloss, Klinke, Bänder und der Beschlag korrekt?
- Passt die Verbindung Tür zu Rahmen noch?
- Schließt die Tür, ohne zu blockieren bzw. aufzusitzen?
- Gibt es unten keinen unzulässig großen Spalt (vgl. Herstellerangaben, ggf. telefonisch erfragen oder aus dem Internet über den Türhersteller abfragen)?
- Ist die Tür in einem Winkel von ca. 15° noch komplett selbstschließend?
- Ist an der Tür ein geprägtes Schild angebracht, an dem wesentliche Daten über die Tür zu entnehmen sind (T 30/T 90, Hersteller, Herstellungsjahr, Prüfnummer, Zulassungsnummer usw.)?

Abfall ist so häufig die Ursache für einen Brand oder eine Brandvergrößerung, dass die Bauordnungen auch die Lage von Abfallbehältern regeln. Viele Bundesländer haben mit der Einführung des sog. Gelben Sacks hier eine Aufweichung und Verschlechterung bewirkt. Die Landesbauordnungen fordern meist, dass Abfallbehälter entweder auf dem Grundstück an nicht störender Stelle aufgestellt werden (damit ist gemeint, dass es keinen Feuerüberschlag auf Gebäude geben kann, wenn der Abfall brennt); oder, wenn man das nicht wie z. B. in dicht bebauten Innenstädten realisieren kann, Abfall muss innerhalb von Gebäuden in eigens dafür vorgesehenen, feuerbeständigen (F 90, T 30) und gut belüfteten Räumen (lt. LBO) gelagert werden; manche Bauordnungen fordern auch direkte Ausgänge ins Freie. Die Bestimmungen der

Feuerversicherungen und der Berufsgenossenschaften fordern bei Unternehmen noch, das Abfälle nach Beendigung der Arbeit aus den Arbeitsräumen zu entfernen ist. Bitte beachten Sie, dass Müll (vgl. das nachfolgende Foto) recht häufig brennt, z. B. aufgrund von Brandstiftung, Selbstentzündung, Näherung zu Elektrogeräten oder noch enthaltenen Zigarettenresten.

Wer sich vermehrt mit den Inhalten der Bauordnung beschäftigen will oder muss, soll sich die jeweils zuständige Landesbauordnung besorgen oder aus dem Internet herunter laden; meist kommt man über die Homepage des Innenministeriums u. a. auch zur jeweiligen Landesbauordnung und zu weiteren Bestimmungen.

Wer so grob fahrlässig vor seinem Gebäude Müll ablädt, darf sich nicht wundern, wenn erstens kriminelle Passanten ein Feuer legen und zweitens der Feuerversicherer das dann total ausgebrannte Gebäude nicht bezahlt

5.2 Garagenverordnung

Die Nutzung ist hier klar vorgegeben: Fahrzeuge werden in diesen Gebäuden geparkt. Andere Nutzungen, etwa wohnen, arbeiten, schlafen, versammeln oder feiern dürfen in Gebäuden, die nach der Garagenverordnung errichtet worden sind, nicht stattfinden. Durch diese Nutzungseinschränkung wird – korrektes Verhalten vorausgesetzt – unterstellt, dass sich lediglich nüchterne, zurechnungs- und bewegungsfähige Personen in Garagen aufhalten und dies auch nur kurzfristig: Zum Einfahren oder Ausfahren aus der Garage. Damit werden einige Erleichterungen für Garagengebäude möglich. Diese Gebäude müssen von anderen Gebäuden oder den darüber befindlichen, Gebäuden, so sie anders genutzt werden, feuerbeständig abgetrennt sein. Primär wichtig in Garagen ist die Be- und Entlüftung, die Entrauchung im Brandfall und in unterirdischen Bereichen die Notbeleuchtung (die aber erst ab bestimmten Garagenflächen gefordert wird). Ansonsten schreibt eine Garagenverordnung z. B. vor:

Offene Garagen sind solche mit unverschließbaren Öffnungen von ≥ 1/3 der Umfassungswände in gegenüber liegenden Wänden; Carports gelten immer als offene Garagen, alles andere sind sog. Geschlossene Garagen. Die Lage ist ebenfalls entscheidend für den Brandschutz, denn unterirdisch ist ein Löschen und Retten immer kritischer als oberirdisch. Oberirdische Garagen sind solche mit Fußböden im Schnitt nicht mehr als 1,5 m unterhalb der Geländeoberfläche, alles andere sind unterirdische Garagen. Automatische Garagen sind solche, bei denen die Autos automatisch eingestellt und gebracht werden, ohne Personen am Lenkrad. Achtung: Diese Garagen mögen Räume effektiver ausnutzen, sie stoßen aber auf große Akzeptanzprobleme und es entstehen zu den Stoßzeiten unsympathische Wartezeiten.

Garagen werden unabhängig ihrer Lage oder der Entrauchungsmöglichkeit in Kleingaragen (= KG mit Nutzflächen bis zu 100 m²), Mittelgaragen (= MG mit Nutzflächen bis zu 1.000 m²) und Großgaragen (= GG mit Nutzflächen > 1.000 m²) und automatische Garagen (= AG ab 51 Fahrzeugen) eingestuft.

Die Wände werden üblicherweise alle feuerbeständig ausgelegt und Symbole, z. B. Piktogramme für Handfeuerlöscher, und die Fluchtwegausschilderung sind international verständlicher als Text bzw. Sprache. Um Menschen durch zu viel Kohlenmonoxid (= CO) nicht zu gefährden oder gar zu töten, benötigt man häufig CO-Warnanlagen für geschlossene GG (nicht für AG); diese Anlagen müssen ständig eingeschaltet sein und ab 250 ppm CO optische und akustische Warnungen (Motor aus, Garage verlassen) anzeigen; die Garagenausfahrt muss dann ständig offen sein, man benötigt eine Notstromversorgung für die CO-Warnanlage und die maschinelle Abluftanlage muss automatisch angesteuert werden, wenn der CO-Mittelwert 100 ppm übersteigt. In Garagen sind Rauchabschnitte von größerer Bedeutung als Brandabschnitte; deshalb wird gefordert, dass geschlossene GG (offene jedoch nicht, weil Rauch schneller und selbständig abzieht) mindestens feuerhemmende und nichtbrennbare Unterteilungen von ≤ 5.000 m² Garagenfläche im oberirdischen Bereich und unterirdisch die Hälfte, also ≤ 2.500 m² benötigen. Gibt es eine automatische Brandlöschanlage (Sprinkleranlage), so gilt oberirdisch ≤ 10.000 m², unterirdisch ≤ 5.000 m². Ein Rauchabschnitt darf auch für mehrere Etagen gelten.

MG und GG brauchen je Geschoss mindestens 2 voneinander entgegengesetzt liegende Ausgänge. Die Rampe ist als zweiter Rettungsweg erlaubt. Bei Einstellplätzen bis 3 m oberhalb des Geländes sind Treppenraumwände zwar sinnvoll, jedoch lt. Garagenverordnung unnötig. Rettungswege müssen auch bei geschlossenen Rauchabschnitten funktionieren. Die Breite der Rettungswege beträgt mindestens 80 cm, die von Treppen ≥ 1 m. Die maximale Entfernung zur Treppe bei MG/GG liegt bei 50 m (offene Garage) bzw. 30 m (geschlossene Garage).

Um eine Flucht in Notsituationen, wie z. B. einen Brand zu ermöglichen, gilt für MG und GG, dass man dauerhaft beleuchtete und leicht erkennbare Ausgangsschilder braucht. Bei GG wird noch gefordert (dies ist grundsätzlich sehr sinnvoll, auch für Technikräume oder andere Kellerräume), die Gehwege auf dem Boden dauerhaft zu markieren. Bei GG braucht man an den Wänden beleuchtete Hinweisschilder, für MG und GG wird eine elektrische Beleuchtung gefordert, die in 2 Stufen schaltbar ist: ≥ 1 Lux bzw. ≥ 20 Lux (Messung ohne Rauch, d. h. bei Verrauchung wird es dunkel). Geschlossene GG und mehrgeschossige, unterirdische MG brauchen eine Sicherheitsbeleuchtung für die Rettungswege. Handfeuerlöscher sind nach der Garagenverordnung in der aktuellen Fassung nicht mehr (wie dies früher war) gefordert. Dies macht auch Sinn, da viele Leute im Falle des Brennens des eigenen Fahrzeugs unvernünftiger weise den Fahrzeugschutz über den eigenen Gesundheitsschutz stellen.

Die Lüftungsanlagen haben, nicht nur im Brandfall, besondere Bedeutung für die Gesundheit der Menschen. In geschlossenen MG/GG müssen sie wie folgt ausgeführt werden:

- Maschinelle Abluftanlagen
- Verteilte Zuluft für alle Garagenbereiche, ggf. maschinelle Zuluftanlage
- Für eingeschossige, unterirdische Garagen mit geringer Fahrzeugbewegung: Natürliche Lüftung (Schacht) von 1.500 cm^2 je Stellplatz oder Abluft 6 m^3/h je m^2 Garagenfläche
- Abluft bei sonstigen Garagen: 12 m^3/h je m^2

- Maschinelle Abluft mit mindestens 2 Ventilatoren

RWA-Anlagen können natürlich (d. h. Abzug durch ständig offene Öffnungen im oberen Bereich, = Natürliche RWA-Anlage = NRA) oder maschinell (= Maschineller Rauchabzug = MRA) ausgelegt sein; die natürliche hat den Vorteil, dass sie grundsätzlich wartungsfrei und damit kostengünstiger ist, denn hier handelt es sich um Öffnungen ins Freie; ansonsten gilt, dass die Summe der Öffnungen ≥ 1.000 cm² (= 0,1 m²) je Stellplatz sein muss, diese Öffnungen max. 20 m entfernt je Platz liegen dürfen und sie müssen sich im Deckenbereich oder im oberen Wandbereich befinden. Für den maschinellen Abzug, der in unterirdischen und Großgaragen meist installiert wird, gilt:

- Automatisches Aktivieren bei Rauch
- ≥ 1 Stunde funktionsfähig und dies bei bis zu 300 °C
- Mindestens E-60-Leitungen
- ≥ 10-facher Luftwechsel
- Eine Entrauchungsanlage wird nicht nötig, wenn man eine automatische Brandlöschanlage (Sprinkleranlage) mit einer Abluftanlage ≥ 12 m³ je m² Garagenfläche und Stunde hat. Begründung: Die Anlage löst schon bei ca. 68 °C aus, so dass es noch nicht zu besonders heißem Rauch bzw. Dampf im Brandfall kommen kann und solche warmen, aber noch nicht heißen Rauchgase kann man dann auch mit einer Abluftanlage entfernen

Eine automatische Brandlöschanlage (Sprinkleranlage, trocken oder nass) wird für Geschosse von GG gefordert, die unterhalb der 1. unterirdischen Parkebene liegen (aber nur, wenn das Gebäude auch anders genutzt wird, z. B. zum Wohnen oder für Büros). Die Art der Brandlöschanlage ist mit der zuständigen

Feuerwehr abzustimmen (üblich ist eine nasse, automatische Sprinkleranlage mit stehenden Köpfen und einer Auslösetemperatur von 68 °C). Automatische Brandmeldeanlagen sind nötig für geschlossene GG und auch für geschlossene MG, wenn das zugehörige Haus ebenfalls lt. Bauordnung Brandmelder braucht. Geeignete Brandmelder sind Punktwärmemelder (keine Rauchmelder), besonders gut (da meist fehlalarmfrei) sind linienförmige Kupferrohrsysteme, die mit Wärmeweiterleitung und Druckerhöhung arbeiten.

Besonders wichtig für den Praktiker sind die lt. Garagenverordnung vorgegebenen Betreiberpflichten:

- Zufahrten, Abfahrten und Rettungswege bis zur öffentlichen Straße müssen verkehrssicher, eisfrei, schneefrei und auch sonst absolut frei gehalten werden
- Lüftungsöffnungen frei halten
- Lüftungsanlagen warten
- CO-Warnanlagen warten
- Sicherheitstechnische Einrichtungen wie Türen mit brand- und rauchschutztechnischer Funktion, Abluftanlage, Sprinkleranlage, RWA-Anlage, Beschilderung, Beleuchtungsanlagen, ... müssen gewartet und funktionsfähig sein bzw. bleiben
- Außerhalb von Fahrzeugen darf nichts (Benzinkanister, Surfbrett, Winterräder, ...) gelagert sein
- Allgemein gilt: Der ursprünglich einmal hergestellte, intakte Zustand muss mindestens erhalten bleiben

5.3 Verkaufsstättenverordnung

Die Hauptproblematiken bei Verkaufsstätten (im Gegensatz zu Wohnbereichen oder Arbeitsstätten) sind:

- Fremde Menschen ohne Ortskenntnis
- Menschen mit Behinderungen bzw. Beeinträchtigungen
- Eventuell sind unbekannte kriminelle und boshafte Menschen im Gebäude
- Die Anzahl der anwesenden Menschen ist nicht bekannt
- Es sind eventuelle viel alte und besonders junge Menschen im Gebäude, die besonders hilfe- und schutzbedürftig sind
- Möglicherweise verstellen Einkaufswagen Ausgänge und Notausgänge
- Eventuell sind die Ausgänge verstellt
- Es gibt für einen Großteil der anwesenden Personen keine Unterweisung
- Das Befolgen von Anweisungen ist nicht so disziplinarisch durchzusetzen wie in reinen Arbeitsstätten
- Nicht jeder versteht die deutsche Sprache bei Durchsagen und es ist nicht bekannt, wie viele Personen dies sind

Aus diesen Gründen fordert man in Richtung Brandschutz mehr bei Verkaufsstätten; allerdings gelten diese Vorschriften lediglich für Verkaufsstätten ab 2.000 m² Verkaufsfläche, nicht bei kleineren Geschäften, die darunter liegen. Positiv indes wird berücksichtigt, dass die Menschen hier im Gegensatz zu Wohngebäuden meist nüchtern und immer wach und angezogen sind, d. h. sie sind meist selbst und schnell in der Lage, die Gebäude im Gefahrenfall zu verlassen. Dazu wird es besonders wichtig, dass es mehrere, möglichst entgegengesetzt liegende, gleichwertige Ausgänge je Ebene gibt und dass diese breit genug, ausgeschildert, frei und beleuchtet sind. An tragende Wände gibt es, abhängig von der Etagenanzahl und ob es Sprinklerschutz gibt, entweder keine Anforderung oder feuerhemmende oder (üblich:) feuerbeständige und dies meist mit der Anmerkung, zusätzlich auch nichtbrennbar ausgelegt zu sein. Wände zu nicht zugehörigen Bereichen sind immer mindestens in F 90 und öffnungslos auszulegen.

Es muss feuerbeständig abgetrennte und gut belüftbare Müllräume geben, die für mindestens 2 Tage den gesamten Müll aufnehmen können; je nach Bundesland wird auch ein direkter Ausgang ins Freie gefordert. Die maximale Größe eines Brandabschnitts richtet sich nach der Lage und ob es Sprinklerschutz gibt und kann z. B. wie folgt aussehen:

- Erdgeschossig, mit/ohne Sprinkler: ≤ 10.000/3.000 m^2
- Mehrgeschossig, mit/ohne Sprinkler: ≤ 5.000/1.500 m^2

Wand- und Deckenverkleidung, Dämmstoffe und Unterkonstruktion müssen nichtbrennbar sein, im Treppenraum auch zusätzlich der Bodenbelag. Je Etage muss es mindestens zwei voneinander unabhängige Ausgänge geben in einer Entfernung von nicht mehr als 25 m; wenn am Ausgang eine Ladenstraße angrenzt, so darf die Entfernung meist um 35 m weiter entfernt sein. Rettungswege müssen ständig frei und sollen stufenfrei sein, eine leichte Steigung oder ein Gefälle wirkt weniger störend als Stufen; sind Stufen vorhanden, so müssen sie beleuchtet sein. Die Ausgänge sind ausreichend sichtbar zu beschildern.

Damit es auf den Treppen nicht zu Komplikationen kommt, muss man sie feuerbeständig und nichtbrennbar ausführen, geschlossene Stufen realisieren und die Treppen nicht schmäler als 2,0 m und nicht breiter als 2,5 m halten. Gespindelte oder gewendelte Treppen sind verboten und die Treppen benötigen stabile Handläufe an beiden Seiten, die keine offenen Enden haben, an denen sich Kleidung verhängen kann.

Türen zu Treppenhäusern sind bei Sprinklerung dicht bzw. rauchdicht und selbstschließend; ohne Sprinklerung benötigt man mindestens feuerhemmende Türen, die ebenfalls dicht bzw. rauchdicht und selbstschließend ausgelegt sind. Türen in Rettungswegen müssen in Fluchtrichtung öffnen und dürfen keine Schwellen haben; sie müssen sich von innen einfach leicht in voller Breite öffnen lassen und sie dürfen elektrische Verriegelungen haben, die von innen leicht geöffnet werden können. Es ist erlaubt, diese Türen während der Öffnungszeiten über zugelassene Elektromagnete mit Rauchmelderansteuerung aufzuhalten. Indes sind zurückschlagende Pendeltüren, Drehtrommeltüren und Schiebetüren nicht zugelassen. Wenn sich Rolladen, Scherengitter usw. in den Rettungswegen befinden, müssen diese bei Betrieb offen versperrt sein, damit sie nicht von Besuchern geschlossen werden können.

Ganz besonders wichtig ist im Brandfall Pyrolysegase, Rauch und Wärme besonders schnell abzuführen, um Panik und Gefährdungen zu vermeiden. Als Rauchabführung kann man Fenster oder Oberlichte angerechnet bekommen; meist sind es jedoch elektrische Rauchabzugsanlagen (ohne Sprinkleranlage), deren Ansteuerung manuell und über Rauchmelder funktioniert oder auch konventionelle Lüftungsanlagen (bei Sprinklerung, weil dann nicht mit heißen Rauchgasen gerechnet werden muss). Die innenliegenden Treppenräume benötigen ebenfalls einen Rauchabzug, außenliegende benötigen aufmachbare Fenster: Möglichst weit oben sitzend mit ≥ 5 % bzw. 1 m² Öffnungsfläche und in jeder Etage anfahrbar.

Die technische Ausstattung derart genutzter Gebäude kann wie folgt gefordert sein:

- Handdruckknopfmelder, direkt zur Feuerwehr geschaltet
- Alle Feuerstätten müssen unabhängig der Leistung (die Heizungsverordnung der Bundesländer ist hier großzügiger) in eigenen, feuerbeständigen Räumen stehen
- Heizungen sind brandlastfrei zu halten
- Verkaufsstätten brauchen Blitzschutzanlagen
- Man braucht eine Rundsprechanlage, mindestens für die Verkaufsbereiche
- Die vorhandene Brandmelde- und Brandlöschtechnik (Sprinkler und Brandmeldeanlage) ist direkt zur Feuerwehr zu schalten
- Es wird eine Sicherheitsbeleuchtung nötig für: Verkaufsräume, Stufen, Rettungswege, Toiletten, Technikräume, Arbeits- und Pausenräume
- Die Notstromversorgung muss automatisch angehen bei Stromausfall für: Sicherheitsbeleuchtung, Stufenbeleuchtung, Sprinkleranlagenversorgung, Rauchabzugsanlagen, Schließeinrichtungen für Brandschutztüren, Brandmeldeanlagen, Alarmierungseinrichtungen (Feuerwehr, Rundruf)

Handfeuerlöscher müssen gut sichtbar, dazu ggf. ausgeschildert und leicht erreichbar sein. Sei benötigen ein geeignetes Löschmittel (d. h. meist kein Pulver, weil es unverhältnismäßig hohe Löschmittel-Folgeschäden anrichtet; geeignet ist z. B. Wasser oder Schaum); die Berechnung der Menge erfolgt nach der BGR 133. Weiter wird zum Brandlöschen oft die flächendeckende Installation von Wandhydranten gefordert, die ebenfalls gut sichtbar (ggf. ausgeschildert) sein müssen, leicht erreichbar, nicht verstellt und möglichst in roter Farbe angestrichen. Besonders wichtig für den täglichen Betrieb sind organisatorische Maßnahmen wie:

- Rauchverbot für Verkaufsräume
- Offenes Licht in Verkaufsräumen verboten
- Rauchverbot ist auszuschildern
- Rauchverbot gilt nicht für Restaurants
- In Ladenstraßen, Treppenhäusern darf es keine Schilder oder Gegenstände geben
- Der Betreiber oder ein Stellvertreter muss während der Öffnungszeiten anwesend sein
- Elektrische Leuchten dürfen in Räumen nicht mit brennbaren Stoffen umgeben werden, dass diese entzündet werden können
- Erstellen einer Brandschutzordnung mit mindestens folgenden Inhalten:
  - Evtl. macht die für den Brandschutz zuständige Behörde Vorgaben
  - Aufgaben der Brandschutzbeauftragten
  - Aufgaben der Selbsthilfekräfte
  - Organisation einer Gebäuderäumung
  - Umgang mit behinderten Menschen
  - Verhalten in Gefahrensituationen
  - Verhindern von Bränden u. a. m.
- Es muss eine Schulung aller Mitarbeiter stattfinden, bei der mindestens die nachfolgenden Punkte vorgestellt werden:
  - Lt. VkV und BGV A 1: Mindestens einmal jährlich und vor Arbeitsaufnahme
  - Korrektes Verhalten
  - Brandverhütungsmaßnahmen
  - Verhalten im Brandfall
  - Lage und Bedienung von Brandmeldern und Feuerlöscheinrichtungen

- Inhalte der Brandschutzordnung
- Verhalten in Notsituationen (Brand, Panik)

Beim Ausschmücken der Verkaufsräume und Rettungswege dürfen leichtentflammbare Stoff nicht zum Einsatz kommen und auch nicht solche, die brennend abtropfen; Zu- und Ausgänge und Hinweise auf Ausgänge dürfen durch Ausschmückungsgegenstände nicht verstellt oder verhängt werden. Als Brandschutzbeauftragter muss mindestens eine Person namentlich der Brandschutzbehörde bekannt gegeben werden; diese Person ist u. a. zuständig für:

- Sind allgemein alle brandschutzrelevanten Vorschriften eingehalten?
- Sind die Dekorationen korrekt montiert, verdecken sie nichts brandschutzrelevantes oder behindern Sprinklerköpfe, ist deren Material brandschutztechnisch geeignet?
- Sind alle Türen frei und funktionsfähig?
- Sind alle sicherheitstechnischen Anlagen voll funktionsfähig?
- Sind alle brandschutztechnischen Anlagen korrekt gewartet?
- Bei Verkaufsfläche > 5.000 m^2 werden oft von den Behörden gefordert, dass es eine bestimmte Anzahl von (anwesenden) Brandschutz-Selbsthilfekräfte gibt

Verkaufsstätten benötigen einen gut sichtbaren Lageplan im Erdgeschoss, Plankopien sind bei der Feuerwehr abzugeben; dieser Lageplan hängt immer seitenrichtig an der Wand und enthält mindestens alle Rettungswege, die Treppenhäuser, die freizuhaltenden Flächen, Hand-Brandmelder und Feuerlöscheinrichtungen wie Feuerlöscher und Wandhydranten sowie Bedienungselemente für technische Anlagen (wie z. B. Entrauchung).

Die Behördenvertreter dürfen bei Verstößen, je nach Schwere, Häufigkeit, Dauer und (fehlender) Einsicht, Strafen bis zu 0,5 Mio. € auflegen; dies gilt insbesondere dann, wenn man fahrlässig oder gar vorsätzlich:

- Rettungswege einengt (einengen lässt)
- Fluchttüren verschlossen hält während der Betriebszeit
- Dekorationen in Treppenhäusern anbringt
- Gegenstände in Treppenhäusern abstellt
- Gegenstände in Ladenstraßen abstellt
- Rettungswege auf dem Grundstück nicht freihält
- Kein Betreiber/Stellvertreter anwesend ist
- Keinen Brandschutzbeauftragen stellt
- Keine Selbsthilfekräfte bestellt

5.4 Hotel- und Gaststättenbauverordnung

Dieses Baugesetz hat in verschiedenen Bundesländern unterschiedliche Namen, aber es werden meist Hotels, Pensionen und Gaststätten in einer Bauordnung zusammen gefasst. In privaten Wohnbereichen oder an Arbeitsplätzen sind übersichtlich wenig Menschen anwesend und ausschließlich solche, die sich örtlich auskennen; in Hotels übernachten viele Menschen und man ist dort nicht so vertraut mit den örtlichen Gegebenheiten; sollte es jetzt nachts zu einem Feueralarm kommen, haben viele nicht – wie im gewohnten eigenen Wohnbereich – die nötige Orientierung über die Lage von Türen, die Laufrichtung in Fluren und die Lage von Treppenhaus-Eingangstüren. Zudem sind die Menschen – in Hotels ebenso wie in Gaststätten – häufig bei Feiern bzw. Festen und dabei trinken einige nicht wenig Alkohol; d. h., man hat noch im Gegensatz zu den übrigen Arten, Gebäude zu nutzen, das Problem, dass angetrunkene oder gar volltrunkene und damit hilflose, aggressive und boshafte Personen in den Gebäuden sind. Von diesen kann entweder eine direkte Gefahr (Brandstiftung) ausgehen, oder eine indirekte Gefahr (weil sie den Ernst von lebensbedrohlichen Situationen nicht erkennen). Deshalb gibt es für diese Art von Gebäuden erhöhte Vorgaben in Richtung Brandschutz und Fluchtmöglichkeiten.

Um Kleinst-Pensionen oder Menschen, die einzelne Zimmer vermieten nicht mit für sie unbezahlbaren Auflagen von ihrem Einkommen abzuhalten, setzt man eine Grenze von z. B. 8 Personen an; dies macht auch Sinn, denn wenn in einem Wohnhaus ein Vermieter-Ehepaar und 5 Gäste anwesend sind, entspricht das auch der Nutzung eines „normalen“ Wohnhauses, ohne erhöhte Gefahren. Auf der anderen Seite hat man erhöhte Anforderungen an Gebäude mit besonders vielen Personen, etwa Gaststätten mit mehr als 400 Gastplätzen oder Hotels mit mehr als 60 Gastbetten: Diese Gebäude müssen u. a. von der Feuerwehr mit ihren großen Fahrzeugen direkt anfahrbar sein. Eine weitere Forderung ist, dass es für Behinderte, besonders alte Menschen und solche mit Kleinkindern hier auch die Möglichkeit geben muss, dass diese sich grundlegend im Gebäude bewegen können. Derart große Gaststätten oder Hotels benötigen auch beleuchtbare Fluchtschilder und entweder schwerentflammbare oder nichtbrennbare Bodenbeläge in Fluren und Treppenräumen. Darüber hinaus müssen Räume, die z. B. 200 und mehr Personen aufnehmen können, mindestens zwei möglichst entgegengesetzt gelegene Ausgänge haben die ins Freie führen. Große Hotels und Gaststätten benötigen auch für Flure und Treppenräume eine Sicherheitsbeleuchtung mit Notstrom (z. B. Batterien und nachfolgend Dieselaggregat); diese funktioniert, wenn die normale Beleuchtung, z. B. aufgrund eines Feuers, ausfällt und zwar binnen einer Sekunde (bei Hotels: 15 s) und dann für mindestens 1 Stunde und sie leuchtet mit mindestens 1 Lux (gemessen ohne Verrauchung).

Hotels mit z. B. mehr als 30 Gastbetten benötigen zwei gentrennt liegende Treppen je Ebene; die Schwachstelle hier ist, dass es erlaubt ist, dass lediglich ein Flur die Gastzimmer mit beiden Treppenhäusern verbindet: Brennt es in einem Gastzimmer und lässt der fliehende Gast die Tür offen, so verraucht der Treppenraum (vgl. das nachfolgende Foto) und wird, auch durch die Brandhitze, unpassierbar – keine der beiden Treppen sind somit erreichbar.

Solche Treppenräume sind nicht sicher, denn bei einem Brand hinter der konventionellen Verglasung würden die Scheiben umgehend platzen und der Rauch würde den ersten Fluchtweg und somit auch den Angriffsweg für die Feuerwehr unpassierbar machen

Zwischen den brandlastfrei gehaltenen Fluren und den ebenso freien Treppenräumen sind meist selbstschließende und dichte bzw. rauchdichte Türen (keine feuerhemmenden, denn beiderseitig kann ja aufgrund der Brandlastfreiheit keine Flammen anschlagen) gefordert. Drahtglas mit Mindestanforderungen wie punktverschweißt und mindestens 6 mm dick wird zwar in solchen Türen häufig noch geduldet und ist aus brandschutztechnischer Sicht auch akzeptabel; es ist jedoch aus Gründen des Personenschutzes (Verletzungsgefahr) nicht mehr als Stand der Technik zu bezeichnen: Safetygläser (mit Folie beklebte Glasscheiben, ESG – Einscheibensicherheitsglas, VSG – Verbundsicherheitsglas, Brandschutzverglasung oder Kunststoffscheiben) sind wesentlich sinnvoller und besser.

Die Türen in Rettungswegen müssen in Fluchtrichtung aufschlagen – dies ist immer dann ein Problem, wenn ein Fluchtweg von A nach B und, je nach Brandsituation und Position der Personen, der Fluchtweg ebenso von B nach A gehen könnte. In diesem Fall ist von der wahrscheinlicheren Fluchtrichtung oder der, aus der mehr Personen erwartet werden, auszugehen.

Eine wesentliche Forderung ist, dass sich die Gäste unmittelbar und zügig über die Flächen des Grundstücks in Sicherheit (d.

h. auf den öffentlichen Grund) begeben können. Das bedeutet, dass in kleineren Gaststätten der Weg zu einem sog. Notwendigen Flur nicht länger als 5 m von einem Gastplatz entfernt sein darf; bei größeren Gaststätten gilt eine Maximalentfernung von 25 m. Die lichte Breite von Rettungswegen muss entweder 1 m je 150 Personen betragen, oder (und dies ist die wohl zukünftig geltende Vorschrift) 1,20 m je 200 Personen und dann je weitere 100 Personen weitere 60 cm (also für 300 Personen 1,8 m; für 400 Personen 2,4 m, usw.). Unterschiedliche Ausgänge dürfen hier addiert werden, wobei keiner unter 1 m Breite haben soll bzw. darf (Ausnahme: Die Tür minimal 0,9 m).

Die erforderliche Mindestbreite von Rettungswegen darf nicht eingeengt werden, z. B. durch geöffnete Türen, durch feste Einbauten, durch Verkaufsstände, Garderoben, Spielgeräte usw.

Baulich wird weiter nötig, dass tragende Wände und Decken immer feuerbeständig sein müssen. Betriebsfremde Bereiche müssen auch derart abgetrennt sein und benötigen mindestens feuerhemmende Türen. Wand- und Deckenverkleidungen müssen je nach Bundesland schwerentflammbar oder nichtbrennbar sein; es ist auch abhängig, ob diese Verkleidung im Gastraum und Hotelzimmer (hier ist man großzügiger), oder in den Fluchtwegen und Treppenräumen angebracht (hier sind die Forderungen strenger) wird.

Hotelzimmer müssen mindestens 8/12 m² groß sein, je nach der Bettenanzahl (1/2). Gaststätten müssen mindestens 25 m² groß sein (Ausnahme: Schnellimbiss-Buden) und abhängig von der Grundfläche (bis 50/ bis 100/mehr als 100/mehr als 2.000 m²) unterschiedliche Raumhöhen (2,5/2,75/3/3,25 m) haben. Doch auch in technischer Richtung gibt es Forderungen: Raumlufttechnische Anlagen müssen für jeden Gastplatz stündlich z. B.

mindestens 20 m³ Frischluft über nichtbrennbare Leitungen zuführen.

Fetthaltige Abluft vom Herd muss separat ins Freie geführt werden und darf niemanden (Nachbarschaft) belästigen; deshalb werden sie meist wie ein Kamin über Dach geführt. Diese Anlagen sollen so ausgeführt werde, dass sie eine Abluft-Ansauganlage oben auf dem Dach bzw. am Ende des Abluftrohrs haben. Der Grund liegt darin, dass diese Anlagen stark verölen und verfetten und aufgrund der sicher nie 100-%ig dichten Auslegung der Anlage diese Flüssigkeiten früher oder später an vielen Stellen austreten und für hohe Gebäudeschäden sorgen und auch für eine optische Beeinträchtigung. Ein leicht undichtes Rohr oder ein solcher Verbindungsflansch bleibt jedoch dicht, wenn im Rohr ein Unterdruck herrscht (weil oben abgesaugt wird) und kein Überdruck (weil unten eingedrückt wird).

Die Entrauchung der Gasträume kann mit 0,5 % der Gastraumfläche angesetzt werden; Öffnungen in der Decke sind grundsätzlich den Fensteröffnungen vorzuziehen, erlaubt ist aber beides.

Alle ablufttechnischen Anlagen und auch die Entrauchungsanlagen müssen gewartet, gelegentlich auch gereinigt werden und um dies sicher zu stellen, muss man viele Bereiche der Anlagen auch erreichen können: Das Verlegen in unzugänglichen Bereichen, langstreckig eingemauert oder in nicht zugänglichen abgehängten Decken ohne menschenwürdige Öffnung (d. h. groß genug dimensionieren!) ist deshalb besonders wichtig. Verstöße hiergegen fallen oft erst nach Monaten oder Jahren auf.

Gefordert werden weiter gut sichtbar und leicht erreichbare Feuerlöscher und zwar je Etage mindestens einer (meist sind mehr nötig) in der Nähe der Treppe und mit dem richtigen Löschmittel.

Pulver ist nicht geeignet, denn der Schaden und auch die Pulverwolke sind gefährdend für Menschen und Einrichtungen. Richtig ist vielmehr Wasser oder Schaum.

Um in Notfällen die Gäste warnen zu können, wird eine effektive Alarmeinrichtung (Sirene, Lautsprecher) gefordert. Wie diese im Detail aussieht, wird nicht vorgegeben: Man kann laute Sirenen in den Flurbereichen anbringen oder auch Lautsprecher in den Gastzimmern. Besonders wird es Betreiber interessieren, welche organisatorischen Aufgaben die Bauordnung von ihnen verlangt; diese sind u. a.:

- Technische, insbesondere sicherheitstechnische Anlagen (primär: Brandmeldeanlagen, Brandlöschanlagen, Alarmierungseinrichtungen, Sicherheitsbeleuchtung, Notstrom, Raumluftanlagen, RWA-Anlagen, Brandschutztüren, deren Ansteuerungen, Brandschutzklappen, Feuerlöscher) müssen funktionsfähig sein
- Diese Anlagen müssen den jeweiligen Vorgaben (den Hersteller oder Monteur fragen) entsprechend gewartet sein; solche Wartungsarbeiten sind vor der ersten Inbetriebnahme (Funktionskontrolle), nach Änderungen und grundsätzlich mindestens alle 2 Jahre (oder auch in kürzeren Intervallen, je nach Art der Anlage) durchzuführen von dafür befähigten Personen; die Prüfbescheinigungen sind mindestens 5 Jahre lang aufzubewahren
- Ab bestimmten Personenanzahlen (z. B. ab 60 Gastbetten oder ab 400 Gastplätzen) muss der Betreiber oder eine von ihm beauftragte Person ständig anwesend sein
- Rettungswege und die Feuerwehrflächen außerhalb der Gebäude sind ständig frei zu halten
- Dieses ist außerhalb auch auszuschildern

- Ebenso sind die Flucht- und Rettungswege innerhalb des Gebäudes ständig frei zu halten
- Treppenräume sind frei zu halten
- In Fluren dürfen eingebrachte Gegenstände weder die Flucht behindern (aufgrund der Einengung), noch brandgefährlich (aufgrund der Entflammbarkeit) sein
- Brand- und Rauchschutztüren dürfen nicht aufgekeilt werden; zugelassene Anlagen, die im Brandfall die Türen schließen, sind erlaubt
- Ausschmückungen in Gasträumen müssen schwerentflammbar oder nichtbrennbar sein
- Hängende Raumdekorationen (man denke an Karneval/Fasching) dürfen nicht niedriger als 2,5 m über dem Boden hängen
- Trockenes Laub, Äste und vergleichbare natürliche oder künstliche Gegenstände dürfen aufgrund der leichten Entflammbarkeit nicht verwendet werden
- Brennbare Abfälle sind bei Betriebsschluss aus den Gasträumen zu entfernen
- Abfallbehälter müssen nichtbrennbar sein und einen dichten Deckel haben
- In allen Fluren von großen (d. h. beispielsweise ab 60 Gastbetten) Hotels benötigt man einen übersichtlichen und beleuchteten Lageplan
- Innen in den Schlafräumen ist an der Ausgangstür der Verlauf der Rettungswege anzuzeigen sowie weitere Informationen (z. B. Lage von weiteren Treppen, von Feuerlöschern, von Hand-Druckknopfmeldern, von Aktivierungsmöglichkeiten der Entrauchung usw.)
- Es muss eine Brandschutzordnung (Teile B und C) für die Angestellten geben

Der Gesetzgeber behält sich hier – im Gegensatz zur „normalen“ Bauordnung des jeweiligen Bundeslandes – vor, durch eine Überarbeitung dieser Bauordnung den Bestandsschutz zu „beseitigen“. So steht z. B. in der Bauordnung für Gaststätten und Hotels: Die zum Zeitpunkt des Inkrafttretens der Verordnung bereits bestehenden Hotels und Gaststätten sind in einer Frist von einem Jahr/von 6 Jahren dieser Verordnung anzupassen. Hierbei wird unterschieden, welche Maßnahmen man schnell und relativ preiswert realisieren kann wie z. B. die Kennzeichnung der Rettungswege oder das Installieren von Feuerlöschern und welche Vorgaben baulich und finanziell mehr Aufwand mit sich bringen wie Türen zwischen Treppenräume und Flure einzubauen, Alarmierungseinrichtungen oder eine Sicherheitsbeleuchtung einzubauen usw.

Wenn man dann sieht, dass die behördlichen Vertreter des Staats bei Verstößen (Rettungswege und Feuerwehrflächen nicht frei gehalten; Türen aufgekeilt; Sicherheitsbeleuchtung nicht installiert) bis zu 500.000 € Strafe auferlegen können wird klar, welche Bedeutung die Einhaltung sicherheitsrelevanter Vorschriften hat.

5.5 Versammlungsstättenverordnung

Hier findet sich viel, was in dem vorangegangenen Kapitel ebenfalls gefordert ist. In Versammlungsstätten sind aber nun besonders viele Menschen anwesend und dies auf besonders engem Raum, beispielsweise einem Fußballstadion; der Vorteil hier mag sein, dass große Teile nicht überdacht sind, doch dies kann sich schnell zu einer Scheinsicherheit entpuppen, denn auch in solchen offenen Bereichen gibt es Brandfälle mit sehr vielen Toten: Sei es durch Rauch, Flammen oder die Panik (gegenseitiges Erdrücken an Engstellen).

Der Geltungsbereich der Bauordnung für Versammlungsstätten deckt meist die folgende Nutzungen bzw. Personenzahlen ab:

- Bühnen ab 100 Zuschauer (einschließlich Kinos)
- Nichtüberdachte Bühnen ab 1.000 Zuschauer
- Sportflächen ab 5.000 Zuschauer
- Versammlungsstätten ab 200 Besucher
- Ansonsten ab 1.000 Besucher
- Für Schulen und Museen nur für einzelne Räume ab 200 Personen
- Nicht für Kirchen, Ausstellungsräume, Messen

Was ist nun eine Versammlungsstätte? Diese Gebäude sind für die gleichzeitige Anwesenheit vieler Menschen gedacht, die in eine Richtung gleiche Interessen haben wie z. B. Kunst, Erziehung, Kultur, Geselligkeit, Kabarett, Sport (in Hallen und Stadien), Unterhaltung, Politik, Vortragsraum, Bühne (Kino, Oper, Musical, ...), Spiel- und Szeneflächen sowie Diskotheken (Anmerkung: Hier passieren besonders viele tragische Unglücke, z. B. durch pyrotechnische Shows oder versperrte Notausgänge).

Auch hier gilt, die Rettungswege jederzeit freizuhalten, sie nicht anders zu nutzen, sie auszuschildern und zu beleuchten. Die Flucht- und Rettungswege dürfen nicht über Parkplätze und Feuerwehrflächen gehen. In Kinos muss es ausreichend große Wartebereiche und häufig Ausgangsmöglichkeiten auf zwei öffentliche Flächen geben. Die Zufahrten sind ständig freizuhalten, sie müssen z. B. 3,5 m breit und hoch sein und zuzüglich noch einen Gehweg von mindestens 1 m breite haben. Technisch wird meist folgende Mindestausstattung gefordert:

- Elektrische Beleuchtungsanlagen
- Für Kinos: Die Wände mindestens schwerentflammbar oder nichtbrennbar
- Eine Rundrufanlage für die Bereiche der Angestellten und Schauspieler
- Mehrere Handdruck-Feuermelder ab 1.500 Besuchern, auch auf der Bühne
- Eine grundsätzlich überall hin meldende Lautsprecheranlage kann gefordert werden
- Bühnen ab bestimmten Größen brauchen eine Regen- oder Sprinkleranlage
- Eine Sicherheitsbeleuchtung, die Besuchern und Mitarbeitern/Zugehörigen bei Stromausfall eine sichere Flucht ermöglichen; binnen einer Sekunde muss das Notlicht angehen und eine Mindestlaufzeit von 3 Stunden haben bei einer Mindestbeleuchtung von1 Lux in Rettungswegen

Auch hier gibt es wieder viele organisatorische Belange, die man als verantwortlicher Betreiber kennen und umsetzen muss:

- Maximale Raumfüllung: 2 Personen je 1 m²
- Garderoben oder Verkaufsstände dürfen die nötige Mindestbreite nicht einengen

- Dekorationen und Bühnenvorhang: Mindestens schwerentflammbar, darf Flucht nicht einengen
- Garderoben dürfen Fliehende nicht behindern
- Unverrückbare Garderobentische
- Es muss Räume für Sanitäter und Feuerwehrleute geben
- Vorhänge in Fluchtwegen sind mindestens schwerentflammbar, leicht verschiebbar und sie dürfen keinen Bodenkontakt haben
- Bei Theatern wird gefordert, dass es bei Aufführungen auf jeder Bühnenseite einen Feuerwehrmann gibt
- Grundlegend gilt absolutes Rauchverbot, außer in besonderen Raucherräumen
- Türen in Rettungswegen müssen unverschlossen sein
- Brand- und Rauchschutztüren dürfen auch nicht kurzzeitig verkeilt werden
- Auf der Bühne darf nichts unnötiges gelagert sein
- Leichtentflammbare Bühnenteile sind verboten
- Ein absolutes Rauchverbot gilt im Zirkus, Kino und Theater (im sog. Stuhlhaus)
- Feuer oder pyrotechnische Elemente auf der Bühne sind nur nach Genehmigung zugelassen
- Kinofilmvorführer dürfen den Raum nicht verlassen
- Bühnen sind aus Brand- und Explosionsschutzgründen möglichst staubfrei zu halten
- Bühnen sind deshalb auch einmal pro Jahr gründlich zu reinigen
- Es muss qualifizierte Techniker geben
- In Opernhäusern ist der sog. „Eiserne Vorhang“ vor Aufführung zu prüfen

- Es muss der Betreiber oder ein Stellvertreter bei Betrieb anwesend sein; diese Person ist für die Einhaltung der Vorschriften verantwortlich
- Es muss Unterweisungen gemäß der Versammlungsstättenverordnung sowie der BGV A 1 für alle Betriebsangehörigen vor Aufnahme der Tätigkeit und danach mindestens einmal im Jahr in den Bereichen Arbeits- und Brandschutz geben (nicht ständig Mitwirkende sind vor Aktivitäten über wichtige Brandschutz-, Verhaltens- und Betreibervorschriften zu belehren)

Die wesentlichen baulichen Belange sind Raumhöhen nicht unter 3 m sowie auch die maximalen Höhenlagen der Fußböden von Versammlungsstätten, abhängig von der Anzahl der Personen: je mehr Personen anwesend sind, umso weniger hoch dürfen sich diese versammeln; beispielsweise dürfen bis zu 2.500 Personen nicht höher als 6 m auf einer Ebene sein und bei 22 m Höhendifferenz (bis zu 400 Personen) ist ohnehin die Hochhausgrenze erreicht.

Die Höhe von Stufen ist nicht absolut geregelt, aber sie müssen gleichmäßig von10 – 20 cm hoch sein und auch gleichmäßig tief (≥ 26 cm). Flure brauchen an beiden Enden je einen Ausgang und sie dürfen keine Stufen oder nicht weniger als 3 (beleuchtete) Stufen hintereinander haben; eine leichte Schrägführung des Flurs ist Stufen grundsätzlich vorzuziehen, weil alte und schwache Leute oder solche mit Kinderwägen, Gehhilfen oder-Rollstühlen sich hier schneller und leichter bewegen können. Der Wartebereich für Garderobe darf die fliehenden Personen nicht stören und die Garderobe ist nahe am Ausgang anzuordnen; man stelle sich eine Flucht aus einem Theater im Januar bei Schneefall und –15 °C vor: Kaum jemand würde hier ohne kälteabhaltende Kleidung das Gebäude verlassen in der Gewissheit, dass

Feuerwehr und Polizei ein Wiederbetreten wohl in absehbarer Zeit nicht erlauben werden.

Alle wesentlichen und tragenden Gebäudebestandteile sind nichtbrennbar und feuerbeständig, die Brandschutztüren müssen häufig nicht lediglich feuerhemmend, sondern feuerbeständig und evtl. auch rauchdicht sein.

In großen Theatern wird meist ein sog. „Eiserner Vorhang" gefordert, der das Bühnenhaus vom Stuhlhaus trennt; dieser muss rauchdicht und für mindestens 15 Minuten feuerwiderstandfähig sein. Er wird meist beiderseitig mit Wasser berieselt, um diese Anforderungen erfüllen zu können und er muss in höchstens 30 Sekunden geschlossen sein; dabei darf von ihm keine Gefährdung von Personen durch den Schließvorgang ausgehen (Warnsignal bei Aktivität).

Glas muss im Gefährdungsbereich von Personen verletzungssicher sein, d. h. man benötigt hier ebenfalls wieder sog. Safetyscheiben, also Brandschutzglas (G- oder F-Glas), oder VSG- oder ESG-Glas (kein Drahtglas), oder die Verglasung ist oberhalb 1,80 m anzubringen.

Für die Rettungswege galt bisher die Vorgabe, 1 m je 150 Personen (linear berechnen) bereit zu halten; zukünftig gilt 1,20 m je 200 Personen, dann je 100 Personen zuzüglich 60 cm.

Weitere bauliche Forderungen sind, dass Türen in Fluchtrichtung aufschlagen, Treppenhaustüren selbstschließend sind und die Türgriffe und die Wand-Geländer für die Hand so enden, dass sich daran keine Kleidung verhaken kann. Je Ebene braucht man mindestens zwei möglichst diagonal angebrachte Ausgänge. Treppenräume benötigen einen Rauchabzug und Treppen sind geschlossen, haben beiderseitig geschlossene Handläufe und sind feuerbeständig. Treppen ab z. B. 14 Stufen benötigen einen Absatz, die Stufen sind nicht höher als 17 cm, mindestens 28 cm tief und maximal 2,5 m breit; sind sie breiter, haben sie mittig einen stabilen Handlauf.

Türen (keine Hebe-, Pendel-, Schiebe- oder Drehtüren in Fluchtwegen) müssen sich von innen mit einem einfachen Griff in voller Breite öffnen lassen. Die DIN 1125 regelt Details hierzu. Lediglich Angestellte haben die Möglichkeit, Türen zu verschließen.

Fensterlose Räume brauchen deckennahe Entrauchungsöffnungen von mindestens 0,5 m² je 250 m²; für Bühnen gilt je nach deren Lage 8 oder 12 % der Bühnengrundfläche.

Es muss die Möglichkeit geben, Brände umgehend zu löschen und dafür muss es leicht erreichbare (also nicht höher als 80 cm – 1,2 m hängen) und ausreichend viele (BGR 133) Handfeuerlöscher für die Versammlungsräume, die Umkleideräume, alle Lagerräume sowie alle Flure und Nebenräume geben. Bühnen und Treppenräume benötigen häufig auch Wandhydranten.

Der Betreiber ist verpflichtet, den Betrieb einzustellen, wenn die für die Sicherheit der Versammlungsstätte notwendigen Anlagen, Vorrichtungen oder Einrichtungen nicht betriebsfähig sind (Anmerkung: Dies ist leichter gesagt als getan, man stelle sich eine ausgefallene Entrauchungsanlage oder defekte Notstromanlage vor, wen z. B. Phil Collins auftritt und 25.000 Besucher angereist sind; jetzt soll eine einzelne Person, nämlich der verantwortliche Betreiber, diesen finanziell nicht wieder zu behebenden Abbruch vertreten!). Alternativ kann der Betrieb genehmigt werden, wenn es gleichwertige Kompensationsmaßnahmen gibt.

Werden Versammlungsräume nur vorübergehend derart genutzt, etwa wenn ab und zu Versammlungen in Räumen durchgeführt werden, die dafür grundsätzlich nicht konzipiert sind, benötigt man eine behördliche Genehmigung; diese wird erteilt, wenn die Räume wirklich nur vorübergehend so genutzt werden und wenn es keine brandschutztechnischen Bedenken gibt; wahrscheinlich wird es dann ein paar organisatorische, sinnvolle brandschutztechnische Auflagen geben. An dieser Stelle den Tipp, auch die Feuer- und Haftpflicht-Versicherer hierzu befragen bzw. darüber informieren.

5.6 Industriebaurichtlinie

Die Industriebaurichtlinie gilt nicht wie die übrigen Bauvorschriften je Bundesland, sondern deutschlandweit; sie ist ausschließlich für gewerbliches bzw. industrielles Produzieren und Lagern konzipiert, nicht für andere Aktivitäten wie Verkaufen, Versammeln, Schlafen oder Verwalten. Sie ermöglicht extrem große und offene Flächen, weit über 10.000 m². In solchen Gebäuden dürfen sich Dritte grundsätzlich nicht aufhalten. Die Industriebaurichtlinie gilt deutschlandweit, die Gebäude sind meist ebenerdig, nicht unterkellert und sie dürfen maximal 5 Ebenen haben; je mehr Ebenen oberhalb vom Erdgeschoss liegen, umso geringer ist die Gebäudegrundfläche. Büros und Verwaltungseinheiten liegen außerhalb oder sind angebaut und nach der Landesbauordnung oder, je nach Gebäudehöhe, auch nach der Hochhausrichtlinie errichtet. Industriebauten benötigen Entrauchungsmöglichkeiten und dies sind hier immer Öffnungen im oberen Wand- oder im Deckenbereich. Da die Menschen in den Gebäuden wach, nüchtern, angezogen und unterwiesen (d. h. sie kennen sich aus) sind, können sie im Gefahrenfall die Hallen, die ja nicht lediglich 2,5 m hoch sind, schnell und ohne Gefährdung verlassen; deshalb hat man die baulichen brandschutztechnischen Anforderungen an tragende Teile nach unten gesetzt. Allerdings tut man sich einen großen Gefallen, wenn man tragende Teile des Gebäudes, einschließlich der Dachtragekonstruktion, mindestens feuerhemmend auslegt. Es geht in der Industriebaurichtlinie hauptsächlich um brandschutztechnische Mindestanforderungen, den Einsatz von brennbaren bzw. nichtbrennbaren Bauteilen, maximale Größen, maximale Etagenanzahl sowie die minimaltechnische Brandschutzausstattung (Brandmeldeanlage, Brandlöschanlage, Rundrufanlage). Die Industriebaurichtlinie gilt nicht für Regallager mit mehr als 9 m Lagerhöhe (das ist ein Sonderbau lt. LBO, an den es höhere Brandschutzanforderungen gibt; weiter gilt sie nicht für überwiegend offene Industriegebäude (Freianlagen, Freilager) und für Hallen zur Aufstellung technischer Anlagen, die nur vorübergehend von Personal begangen werden für Wartungs- und Kontrollzwecke; die zuletzt genannten Gebäude dürfen brandschutztechnisch gesehen im Vergleich zur Industriebaurichtlinie nach unten abweichen, weil keine oder nur selten und dann wenige Personen anwesend sind.

Jede Nutzungseinheit braucht 2 Fluchtwege (oder einen sog. Sicherheitstreppenraum); im ebenerdigen Industriebau sollen diese möglichst gegenüberliegend und horizontal vorhanden sein; jede Nutzungseinheit muss in jedem Geschoss über mindestens 2 voneinander unabhängige Rettungswege verfügen, der 1. Fluchtweg muss immer baulich gegeben sein, z. B. durch eine weitere Treppe, oder er besteht aus anleiterbaren Fenstern für tragbare (≤ 7 m) bzw. fahrbare (≤ 22 m) Leitern der Feuerwehr. Es ist jedoch anzumerken, dass aufgrund der Größe und der Unübersichtlichkeit sowie evtl. auch aufgrund der schnellen Brand- und Rauchausbreitung das Warten auf die Feuerwehr nicht akzeptiert werden kann und deshalb z. B. eine außen liegende Treppe (diese darf dann auch gewendelt oder gespindelt sein) gefordert wird.

Die nötige Löschwassermenge liegt bei 1.600 l/min. (≡ 96 m^3/h) für die 1. und noch einmal die gleiche Menge für die 2.Stunde (bei automatischer Brandlöschanlage genügten 96 m^3 für die erste Stunde) in Industriehallen bei Abschnittsflächen bis zu 2.500 m^2. Man benötigt das Doppelte, also 3.200 l/min. (≡ 192 m^3/h) für die 1. und noch einmal für die 2. Stunde bei Industriehallen mit Abschnittsflächen ab 4.000 m^2; Zwischenwerte werden linear interpoliert.

Es mag nicht so klar in einer Industriehalle sein, was nun ein Geschoss ist: Ist das eine Bühne, eine kleine Lagerfläche, eine Zwischenebene und wenn, ab welchen Größen? Die Richtlinie definiert Geschosse wie folgt:

- Alle auf gleicher Ebene liegende Räume sowie in der Höhe versetzte Raumteile sind ein gemeinsames Geschoss
- Galerien (Anmerkung: Sie müssen offen sein) gelten nicht als Geschoss, wenn deren Gesamtfläche weniger als die Hälfte der Fläche des Raums beträgt
- Als eigene Geschosse werden weiter nicht gerechnet: Räume mit haustechnischen Anlagen, betriebstechnische Räume wie Pressenkeller und untergeordnete Räume

Die Industriebaurichtlinie kennt Sicherheitskategorien; je mehr an Brandschutz realisiert worden ist, umso größer kann gebaut werden:

- K 1: Keine besonderen Brandschutzmaßnahmen
- K 2: Automatische Brandmeldeanlage
- K 3.1: Brandmeldeanlage und Werkfeuerwehr (Staffel)
- K 3.2: Brandmeldeanlage und Werkfeuerwehr (Gruppe)
- K 3.3: Brandmeldeanlage und Werkfeuerwehr (2 Staffeln)
- K 3.4: Brandmeldeanlage und Werkfeuerwehr (3 Staffeln)
- K 4: Automatische Brandlöschanlage

Baulich gibt es folgende Anforderungen:

- Wenn es keine Brandlöschanlage gibt, muss mindestens eine Seite (besser: Eine Umfahrt gestalten) für die Feuerwehr erreichbar sein

- Eine Feuerwehrumfahrt wird immer ab 5.000 m^2 nötig
- Alle Feuerwehranfahrten, die Bewegungs- und Stellflächen sind ständig frei zu halten und entsprechend auszuschildern
- Ist das EG F 90, gilt das 1. OG nicht als eigenes Geschoss
- Das 1. UG darf nicht $>$ 1.000 m^2, weitere Untergeschosse müssen $<$ 500 m^2 sein

Die Flucht- und Rettungswege müssen nicht feuerbeständige oder feuerhemmende Wände haben: Sie sind primär Hauptgänge in Lager- und Produktionshallen, erstrecken sich ebenso über notwendige Treppen und beinhalten auch die Ausgänge.

Ab 200 m^2 braucht jeder Raum mindestens zwei Ausgänge; ein Hauptgang soll immer in max. 15 m erreichbar sein. Die Hauptwege müssen mindestens 2 m breit sein und möglichst gerade geführt werden. Mehrgeschossige Gebäude mit einer Grundfläche ab 1.600 m^2 brauchen je Etage mindestens 2 Fluchtwege. Die Fluchtweglängen liegen zwischen 35 m (Raumhöhe bis zu 5 m) und 50 m (Raumhöhe mindestens 10 m); gibt es eine Brandmelde- oder Brandlöschanlage, so verlängern sich diese Vorgaben auf 50 m bzw. 70 m und die tatsächliche Lauflänge darf nicht mehr als das 1,5-fache betragen.

Wichtig für den Personen-, Sach- und Gebäudeschutz ist auch hier der Rauchabzug. Räume ohne Brandlöschanlage mit einer Grundfläche größer als 200 m^2 müssen mindestens 2 % der Fläche Rauchabzugsöffnungen in den Wänden im oberen Bereich und/oder der Decke haben. Räume größer als 1.600 m^2 müssen eine mindestens 2,5 m hohe raucharme Schicht rechnerisch nachweisen. Für Räume mit einer Brandlöschanlage (Sprinkerung) genügen 0,5 % der Grundfläche als natürliche RWA-Öffnung („natürlich“ heißt Öffnungen) oder auch Lüftungsanlagen.

Räume ohne Brandlöschanlagen benötigen von Hand auszulösende, gekennzeichnete RWA-Öffnungen. Als Brandlöschanlagen werden nur selbsttätige anerkannt, deren Düsen oder Sprinklerköpfe müssen über den Raum flächendeckend verteilt sein. Die Brandlöschanlage muss für die jeweiligen Brandlasten geeignet sein, z. B. Sprinkleranlagen oder CO_2-Löschanlagen.

Brandwände sind mindestens 0,5 m überdach zu führen, die Landesbauordnung fordert hier bei niedrigen Gebäuden bis 7 m nichts und darüber lediglich 0,3 m. Brennbare Teile dürfen nicht darüber gehen, Öffnungen in Brandwänden sind in F 90 zu schließen.

Bei Gebäuden, die über Eck aneinander gebaut sind, wird eine Winkelbeeinflussung bis 120° berücksichtigt, hier muss die Brandwand mindestens 5 m Abstand vom Innenknick haben (vgl. das nachfolgende Foto). Die Verhinderung der Brandübertragung über die Außenwände muss ebenfalls gewährleistet sein, z. B. durch eine räumliche Distanz, indem die Brandwand über die Außenwand geführt wird und mindestens 1 m lang die Außenwand nichtbrennbar ausgeführt wird.

Solche Gebäude benötigen Brandwände, die von den 90-Gradwinkeln jeweils mindestens 5 m entfernt liegen, um einen Überschlag zu verhindern

Unter dem Oberbegriff „Sonstige Brandschutzmaßnahmen" fasst die Industriebaurichtlinie die nachfolgenden Punkte zusammen:

- Es sind geeignete Feuerlöscher nötig (Achtung: Hierzu besser den Feuerversicherer befragen, was er für „geeignet" hält, denn wenn Pulverlöscher große Schäden anrichten, dann wird das häufig als unverhältnismäßig angesehen und deshalb die daraus resultierende Schadenszahlung problematisch)
- Ab 1.600 m² Fläche je Raum muss es Wandhydranten geben
- Ab 2.000 m² je Etage müssen der Feuerwehr aktuelle Feuerwehrpläne vorliegen
- Ab 5.000 m² muss es mindestens einen Brandschutzbeauftragten geben
- Ab 2.000 m² benötigt man eine Brandschutzordnung (diese wird jedoch von anderen Vorgaben der Berufsgenossenschaft und der Feuerversicherungen grundsätzlich für Unternehmen gefordert)
- Alle Mitarbeiter müssen vor Arbeitsbeginn und dann mindestens alle 2 Jahre brandschutztechnisch unterwiesen werden
- Ab 30.000 m² Fläche braucht man eine Funktechnik für die Feuerwehr, die es ermöglicht, dass jeder Feuerwehrmann von jeder Stelle aus andere an jeder beliebigen Stelle im Gebäude erreichen kann
- Treppen und Flure müssen freigehalten werden
- Brandmeldeanlagen müssen u. a. nach DIN 14 675 und -VDE 083 ausgelegt sein
- Tragende Gebäudeteile sind nichtbrennbar oder F 30

Die Größe von Brandabschnittsflächen ist abhängig von der Sicherheitskategorie (K 1 – K 4), von der Anzahl der Geschosse (minimal 1, maximal 5) und von der Feuerwiderstandsdauer tragender Teile (F 0 – F 90). Brandbekämpfungsabschnitte können unter drei Bedingungen auch über 60.000 m² groß sein: Das Gebäude ist ebenerdig, man hat eine nach Landesrecht anerkannte Werkfeuerwehr, und die vorhandenen Brandlasten sind geringer als 100 kWh/m² (Anmerkung: Das ist relativ wenig, Büros und Wohnbereiche haben vielleicht 500 kWh/m²). Man kann dann bis 90.000 m² bei einer Raumhöhe von 7 m und bis 120.000 m² (bei einer Raumhöhe von 12 m) bauen.

Auf der Grundlage der vorhandenen Brandlasten wird die erforderliche Feuerwiderstandsdauer der Bauteile (DIN 18230, Teil 1) berechnet; diese liegt dann bei 0, 30, 60 oder 90 Minuten. Da die Feuerwehren bei einer Qualität unterhalb F 30 häufig keine Innenlöschangriffe mehr starten und ein Gebäude-Zusammenbruch die Folge sein kann wird empfohlen, nicht unterhalb F 30 zu bauen. Diese Qualität bekommt man z. B. mit bestimmten Beschichtungen hin, die aufgespritzt werden.

Zur Berechnung der maximalen Brandbekämpfungsabschnittsfläche (Brandbekämpfungsabschnitte liegen zwischen zwei Brandwänden und berücksichtigen die Etagenanzahl) lautet die allgemeine Formel der Richtlinie:

$$\text{Max. BBA} = 3.000\ \text{m}^2 \cdot F\,1 \cdot F\,2 \cdot F\,3 \cdot F\,4 \cdot F\,5$$

Hierbei stehen die fünf Faktoren für folgende Zahlenwert-Möglichkeiten:

- F 1 = Äquivalente Brenndauer ($10 \geq F\,1 \geq 1$)
- F 2 = Brandschutztechnische Infrastruktur wie Brandmeldeanlage oder Werkfeuerwehr ($3{,}5 \geq F\,2 \geq 1$)
- F 3 = Die höchste Bodenhöhe von Aufenthaltsbereichen in Relation zum Boden vor dem Gebäude ($1 \geq F\,3 \geq 0{,}6$)
- F 4 = Etagenanzahl ($0{,}3 \leq F\,4 \leq 1$)
- F 5 = Ausführung von Deckenöffnungen ($0{,}2 \leq F\,5 \leq 1$)

Ein paar durchaus realistische Beispielsrechnungen hierzu:

Max. BBA = $3.000\ m^2 \cdot 10 \cdot 3{,}5 \cdot 0{,}6 \cdot 0{,}3 \cdot 0{,}2 = 3.780\ m^2$

Max. BBA = $3.000\ m^2 \cdot 10 \cdot 3{,}5 \cdot 1{,}0 \cdot 1{,}0 \cdot 1{,}0 = 105.000\ m^2$

Max. BBA = $3.000\ m^2 \cdot 7 \cdot 2{,}0 \cdot 0{,}8 \cdot 0{,}8 \cdot 1 = 26.880\ m^2$

5.7 Hochhausrichtlinie

Nach den jeweiligen Landesbauordnungen gelten Hochhäuser als Sonderbauten; sie werden meist nur für Wohnungen oder Büros zugelassen, also für Bereiche mit keinen besonderen Brand- oder Explosionsgefahren, nicht jedoch für Produktions- oder Lagerbereiche. Ein Hochhaus wird vom Fußboden des höchsten Aufenthaltsraums in vertikaler Relation zum Boden vor dem Gebäude gemessen (und nicht zur Dachspitze, zum Flachdachboden oder zu einer Techniketage oben drauf): Liegt der Abstand > 22 m über der Geländeoberfläche, handelt es sich um ein Hochhaus. Der Grund für diese Festlegung ist, dass die Drehleitern der Feuerwehr (auch 23-12-Leitern genannt) lediglich bis 23 m Höhe (das wäre dann die Unterkante der anzuleiternden Fenster) reichen müssen. Wenn man sich nun höher in Aufenthaltsräumen befindet, wäre eine Rettung über Leitern – oft der zweite Rettungsweg – nicht mehr möglich. Aber in Deutschland braucht jede Nutzungseinheit mit Aufenthaltsbereichen, unabhängig der Gebäudeart oder –nutzung, mindestens zwei voneinander unabhängige Rettungswege. Sind nicht viele Menschen in den Gebäuden wie in Versammlungs- oder Verkaufsstätten, dann darf der 2. Rettungsweg aus den Feuerwehrleitern bestehen. Bei einem Hochhaus jedoch muss der 2. Rettungsweg immer baulich nach einer der wie folgt aufgezeigten Lösungen gegeben sein:

- Es muss auf jeder Ebene mit Aufenthaltsbereichen immer zwei Fluchtmöglichkeiten geben (also 2 Treppen). Das Problem hierbei ist, dass beide Treppen meist über einen Flur erreichbar sind; ist dieser verraucht, wird die Flucht unmöglich
- Brandschutztechnisch positiv sind außen liegende Fluchtbalkone, denn sie ermöglichen den Zugang entweder auf eine außen liegende Treppe, oder in ein außen liegendes Treppenhaus. Probleme entstehen bei Wohnungen, wenn die

Balkone verstellt oder versperrt werden und es entsteht die erhöhte Gefahr von Einbrüchen

- Es gibt im gesamten Hochhaus nur ein einziges Treppenhaus, das als sog. Sicherheitstreppenhaus ausgelegt wurde; in solche Treppenhäuser kann im Brandfall im Gebäude (da im Treppenraum nichts brennbares vorhanden sein darf, kann es dort – Vorsatz ausgeschlossen – nicht brennen) weder Hitze noch Rauch eindringen. Das funktioniert entweder so, dass man mit einer Überdruck-Luftanlage im Treppenraum den Luftdruck ständig höher als den gerade üblichen Luftdruck hält (maximal 50 Pascal, damit man die von den Fluren nach innen in den Treppenraum aufschlagenden Brandschutztüren der Zugangs-Schleusen noch öffnen kann), oder indem man den Treppenraum lediglich von außen, also über einen Balkon betreten kann (und der Ausgang geht dann unten direkt ins Freie und nicht in die Eingangshalle)

Bei Hochhäusern sind die Belange der Feuerwehr besonders wichtig, denn im Brandfall ist ein schnelles Löschen ebenso wichtig und gefahrenmindernd wie ein schnelles Retten der gefährdeten Personen. Die Hochhausrichtlinien fordern ausreichend viel Löschwasser (meist werden 96 m^3/Stunde als „ausreichend“ eingestuft), oft auch Wandhydranten in den Aufzugsvorräumen mit Löschwasserreserve und Druckerhöhungspumpe im Haus sowie auch trockene Steigleitungen, die erst im Brandfall schnell von der Feuerwehr von außen mit Wasser gefüllt werden. Weiter wird eine direkte Feuerwehrzufahrt (vgl. das nachfolgende Foto) zu den Eingängen und den Einspeisstellen für Hydranten, ggf. auch Sprinklerung (bei Büronutzung; bei Wohngebäuden nicht) sowie eine Bewegungsfläche für die Feuerwehrfahrzeuge vor den Eingängen (maximal 15 m entfernt liegend) und den Mindestmaßen 7 m x 12 m gefordert. Die Feuerwehrflächen werden gemäß DIN 14090 gefordert, die Flächen sind zu kennzeichnen und jederzeit freizuhalten. Darüber hinaus kann die Hochhausrichtlinie auch Feuerlöscher für das Gebäude verlangen.

Wer Feuerwehrzufahrten verstellt, kann im Brandfall strafrechtliche Probleme bekommen

Die baulichen Belange sind ebenfalls höherwertiger als bei Gebäuden nach der Landesbauordnung: Tragende Wände müssen nichtbrennbar und mindestens F 90 bei Gebäuden bis 60 m (Fußbodenhöhe des höchsten Aufenthaltsraums) bzw. mindestens F 120 bei Gebäuden höher 60 m sein. Alle nichttragenden Außenwände müssen mindestens nichtbrennbar sein (also z. B. Glasfassade), die Außenwandverkleidungen ebenfalls. Selbst die eingesetzten Dämmstoffe müssen nichtbrennbar sein. Trennwände zu Fluren und Decken werden nichtbrennbar und feuerbeständig gefordert. Räume mit erhöhter Brandgefahr dürfen maximal 150 m² groß sein, sie benötigen feuerbeständige Wand-, Boden- und Deckenelemente und mindestens feuerhemmende Zugangstüren.

Sind unter der Rohdecke in sog. Notwendigen Fluren (d. h. dass man diese Flure als Fluchtweg benötigt, die Flure sind dann die Verbindung zwischen Aufenthaltsbereich und Treppenraum) Leitungen verlegt, gilt: Alle Leitungen müssen eingeputzt (≥ 15 mm)

sein, oder die Leitungen sind nichtbrennbar, oder die Leitungen sind brennbar, aber effektiv nichtbrennbar umhüllt. Wenn die Brandlast kleiner als 35 kWh/5 m² ist (das sind ca. 5 konventionelle Leitungen), reicht eine nichtbrennbare und dichte Unterdecke aus. Wenn indes die Brandlast größer als 35 kWh/5 m² ist, muss die Unterdecke mindestens in F 30-Qualität ausgebildet sein. Die Bodenbeläge müssen schwerentflammbar oder nichtbrennbar sein, die Wand- und Deckenverkleidungen müssen nichtbrennbar sein. Da im Brandfall die Hitze am Boden meist unter 40 °C liegt und im oberen Wand- und Deckenbereich auch 500 °C übersteigen kann, erscheint diese Differenzierung der vertikalen Höhe als äußerst sinnvoll. In Treppenräumen indes darf auch der Bodenbelag nicht brennbar sein; auch dies ist logisch, denn sollte ein Brandsatz z. B. im 3. OG brennen, würde das Feuer den Fußbodenbelag von den Etagen oberhalb entzünden können, weil dieser Boden dort z. B. 3 Etagen weiter oben brandschutztechnisch nicht als „Boden" in Relation zum Feuer zu sehen ist, sondern als „Decke".

In Fluren konventioneller Gebäude wird alle 30 m eine Rauchschutztür gefordert, im Hochhaus alle 20 m. Türen haben im Brandfall, unabhängig vom Gebäude, immer eine große Bedeutung; deshalb wird für Hochhaustüren folgendes gefordert:

- In Flurwänden: Vollwandige, dicht bzw. rauchdicht schließende Türen
- Von Treppenhäusern direkt zu Wohnungen: ≥ T 30, selbstschließend
- Von Fluren (nicht Treppenhäusern), die von Treppenhäusern abgehen, direkt zu Wohnungen: Dicht oder rauchdicht, vollwandig, selbstschließend
- Von Fluren zu Treppenhäusern: Vollwandig, dicht bzw. rauchdicht, selbstschließend (nicht jedoch von Fluren zu Sicher-

heitstreppenräumen, hier werden zwei hintereinander liegende T 30-Türen gefordert)

- Allgemein zu Räumen mit erhöhter Brandgefahr: ≥ T 30, selbstschließend
- Von Treppen zu Fluren: ≥ T 30, selbstschließend
- Zu Treppenraumschleusen: ≥ 2 x T 30 hintereinander, in Richtung Treppe öffnend
- Zu Räumen mit erhöhter Brandgefahr: ≥ T 30
- Zu Technikräumen: ≥ T 30 (Technikräume dürfen jedoch meist nicht direkt vom Treppenraum abgehen, sondern nur indirekt, d. h. über Vorräume/Flure)

Man braucht mindestens 2 Aufzüge, davon muss mindestens einer geeignet zur Aufnahme einer Krankentrage und als Feuerwehraufzug ausgelegt sein. Die Lüftungsanlagen müssen im Brandfall mindestens 90 Minuten funktionsfähig bleiben und sie benötigen automatisch steuernde Rauchmelder und auch manuelle Stoppvorrichtungen. Eine Brandmelde- und Brandlöschanlage sowie eine Rundrufanlage zur Alarmierung aller Personen im Gebäude werden für Bürohochhäuser ab 60 m gefordert.

Rettungswege im Gebäude benötigen ein lichte Breite von mindestens 1,25 m (bei Türen: 1,1 m), diese haben keine Stufen oder mehr als 2 und keine Neigung und wenn doch, dann maximal 6 % (Prozent, nicht Grad). Ihre Beleuchtung beträgt mindestens 30 Lux, die Notbeleuchtung mindestens 1 Lux. Es gibt ausreichend viele und eindeutig den Fluchtweg zeigende, beleuchtete Fluchtwegeschilder in den Fluren in ca. 2 m Höhe.

Eine Notstromversorgung mit ausreichend Kapazität ist in maximal 15 Sekunden automatisch aktiv, an ihr sind die Notbeleuchtung der Rettungswege, die Belüftung für innen liegende

Treppenhäuser, der Feuerwehraufzug, die Wasserdruck-Erhöhungsanlage für Hydranten, alle Personenaufzüge (sie müssen noch einmal zum EG oder zu einer anderen Etage fahren können), die Rauchabzugsvorrichtungen, die Ansteuerung der Feuerschutzabschlüsse, die Rundrufanlagen, alle sonstigen Alarmierungseinrichtungen sowie eine CO-Warnanlagen (für eine Tiefgarage ab 1.000 m² Grundfläche in den Untergeschossen) angeschlossen.

Besonders wichtig für den Betreiber von Hochhäusern ist, alle organisatorischen Belange regelmäßig zu überprüfen:

- Sind die Schilder „Aufzug im Brandfall nicht benutzen" noch vorhanden?
- Die Flucht- und Rettungswege innen und außen müssen ständig freigehalten werden
- Alle Fluchttüren müssen von innen aufmachbar sein
- Es muss einen Lageplan in den Eingangsbereichen geben
- Es muss eine aktuelle Brandschutzordnung (Teile A, B und C) nach DIN 14096 für Bürohochhäuser (also nicht für Wohnhochhäuser) geben
- Eine Alarmprobe muss mindestens einmal im Jahr stattfinden
- Alle sicherheitstechnischen Einrichtungen müssen geprüft und gewartet sein, ggf. (d. h. wenn Defekte vorliegen) sind diese Einrichtungen möglichst umgehend instandzusetzen

5.8 Heizungsverordnung

Diese meist „Feuerungsverordnung“ genannte Vorschrift betrifft Räume, in denen leistungsfähigere Heizungen für größere Gebäudekomplexe aufgestellt werden: Manche Bundesländer setzen die Grenze bei 50 kW, manche bei 100 kW. Es geht um Räume, in denen Wärme erzeugt wird, also z. B. wenn Gase, Öl oder Feststoffe verbrannt werden, um Wasser zu erwärmen; reine Wärmetauscher fallen nicht unter diese Verordnung. Elektrospeicheröfen dürfen jedoch in Wohnbereichen aufgestellt werden, hier ist es allerdings besonders wichtig, dass man sie nicht, z. B. mit feuchter Wäsche, so abdeckt, dass eine Brandgefahr entsteht.

Man kann, da diese Räume ja keine eigenen Gebäude sind sondern Bestandteil eines primär anders genutzten Gebäudes, deshalb nach der Bauordnung des Gebäudes (also die Landesbauordnung, die Hochhausrichtlinie, die Versammlungs- oder Verkaufsstättenverordnung) diese Räume als solche mit erhöhter Brand- und Explosionsgefahr einstufen. Das bedeutet, dass alle Wände, Böden und Decken feuerbeständig und die Zugangstüren nach innen (also keine direkt ins Freie führenden Türen) mindestens feuerhemmend sein müssen.

Große Feuerstätten dürfen in Garagen, Wohnungen, notwendigen Fluren oder Treppenräumen nicht aufgestellt werden. Feuerstätten für Flüssiggas wie Propan oder Butan und deren Gemische dürfen in Räumen, deren Fußböden mehr als 1 m unter der Geländeoberfläche liegen, nur dann aufgestellt werden, wenn die Feuerstätten eine Flammenüberwachung haben und es sichergestellt ist, dass bei abgeschalteter Feuerungseinrichtung das Gas nicht weiter austreten kann. Propan hat ein Atomgewicht von ca. 50 % mehr als Luft, Butan ist ca. doppelt so schwer wie Luft: Beide Gase sind also schwerer als Luft (im Vergleich zu den brennbaren Gasen Stadtgas, Methan oder Wasserstoff) und würden bei einem größeren Austritt in einem Kellerraum nicht über die Zuluftöffnungen oder über Fenster nach außen abgeleitet werden, sondern sie würden den Raum von unten nach oben luftleer und explosiv machen.

Raumluftabhängige Feuerstätten benötigen eine ins Freie führende Öffnung mit einem Querschnitt von mindestens 150 cm² und für jedes kW Leistung oberhalb 50 kW zusätzlich 2 cm². Wenn der Kessel also beispielsweise 170 kW Heizleistung bringt, so braucht er für die ersten 50 kW genau 150 cm² und für die verbleibenden 120 kW je 2 cm², also 240 cm² - insgesamt also 150 + 240 = 390 cm² = 0,039 m² (mehr ist natürlich erlaubt und sinnvoll).

Feuerstätten müssen von brennbaren Bauteilen ausreichend weit entfernt sein; im Idealfall hat man keine brennbaren Bauteile: Weder im Heizungskeller noch im Bereich des Verlaufs von Kaminen verlegt man einen brennbaren Bodenbelag wie PVC, Teppichboden oder Parkett, hier kann man gebrannte Fliesen, Estrich oder den Rohboden vorhalten.

Heizungsräume dürfen auch nicht anderweitig genutzt werden; dies geschieht relativ häufig dann, wenn alte Heizungsanlagen gegen moderne Anlagen ausgetauscht werden. Diese neuen Anlagen sind wesentlich effektiver und benötigen oft weniger als 30 % der Fläche der alten Anlagen mit der Folge, dass z. B. 35 m² in einem Heizungskeller plötzlich als Freifläche entstehen. Nicht selten wird dieser Bereich verbotenerweise als Lagerfläche oder Handwerksraum für die Haustechniker verwendet.

Außen am Heizungskeller muss es einen Not-Aus-Schalter geben, der als solcher ausgeschildert ist. Es wird empfohlen, diesen Schalter in ca. 2 m Höhe anzubringen, damit ein unbeabsichtigtes Abschalten der Anlage nicht erfolgt (z. B. wenn jemand einen Lichtschalter sucht).

Feste Brennstoffe dürfen nur bis maximal 15.000 kg, Heizöl bis 5.000 l im Heizungsraum aufbewahrt werden; liegen die Zahlenwerte darüber, muss es zum reinen Lagern eigene Räume geben. Da auch diese Räume als solche mit erhöhter Brand- und Explosionsgefahr eingestuft werden, benötigen sie ebenfalls wie die Heizräume wieder feuerbeständige Wände, Decken und Böden sowie mindestens feuerhemmende Türen; manche Bauvorschriften fordern, dass die Ausgangstüren in Fluchtrichtung aufschlagen.

Die Bauordnungen für Heizräume kennt auch Strafen, die als Ordnungswidrigkeit eingestuft werden für das verbotene Annähern von Brandlasten oder den verbotenen Einsatz von brennbaren Baustoffen: Bei einer Brandschau oder durch die Begehung des Kaminkehrers fallen solche Verstöße auf, spätestens aber nach Bränden – und dann kann die Feuerversicherung Probleme machen, weil gegen geltendes Recht verstoßen wurde und das kausal zum Schaden oder zur Schadenvergrößerung geführt hat.

5.9 Baustellenverordnung

Seit dem 10.06.1998 gibt es die „Verordnung über Sicherheit und Gesundheitsschutz auf Baustellen“, die dazu führen soll, dass die immensen Verletzungszahlen auf Baustellen zurückgehen. Nach definierten Voraussetzungen ist ein qualifizierter Sicherheitskoordinator einzusetzen, der für Arbeits- und Gesundheitsschutz, aber auch für Brandschutz und allgemein für die Sicherheit zu sorgen hat. Nicht jeder weiß bis jetzt, dass es diese Funktion gibt, manch einer gibt auch nur vor, es nicht zu wissen, aber das Nichtwissen schützt nicht vor dem möglichen Ärger mit der Staatsanwaltschaft – und spätestens nach schweren Unfällen führt dies zu eklatanten Problemen.

Die Unfälle je 1.000 Vollbeschäftigte sind aufgrund der Erfolge der Berufsgenossenschaften, der verbesserten Aufklärung, moderner Sicherheitstechnik sowie dem sicherheitsgerechten Verhalten der Beschäftigten in der Entwicklung Deutschlands ständig zurückgegangen: Waren es vor 50 Jahren noch über 130 und in den 80er Jahren über 70, so sind wir heute bei unter 35. Doch auch das ist noch zu viel bzw. kein Grund, nicht weiter an einer Verbesserung zu arbeiten. Diese gemittelten Zahlen zeigen die Erfolge der Sicherheitstechnik, jedoch lässt sich für die einzelne BG bzw. Berufssparte wenig folgern; während der Schnitt also heute bei unter 35 Unfällen je 1.000 Beschäftigten liegt, gibt es auf Baustellen knapp 90 Unfälle, also fast dreimal so viel wie bei anderen Berufssparten. Auf 3 Tote bei anderen Berufsgenossenschaften kommen in vergleichbarer Relation 8 Tote bei den Bau-BG‘s!

Der Gesetzgeber will diese Zahlen dahingehend „verbessern“, dass es weniger Tote und Verletzte auf dem Bau gibt. Jeder, der schon mal auf einer größeren Baustelle war weiß, wie gefährlich, hektisch, anonym, aggressiv und improvisiert es dort zugeht – das ist per Gesetz mit einem Sicherheitskoordinator nicht zu ändern; eventuell wird sogar das Gegenteil eintreten: Erstens ist die Akzeptanz des SIGE-Koordinators (= Sicherheits- und Gesundheits-Koordinator) bei den Arbeitern, aber auch bei den Vorgesetzten nicht überall so, wie sie sein sollte. Zweitens wird die Relation zu anderen BG's bzw. der Vergleich zum Durchschnitt aller BG's auch immer so bleiben, denn am Bau sind einfach andere Risiken vorhanden: In der Verwaltungs-BG, wo sich evtl. mal eine Sekretärin den Fuß verstaucht oder in der Nahrungsmittel-BG: Hier kommt es maximal vor, dass sich ein Spüler an einer Scherbe tief schneidet. In solchen Unternehmen wird es immer weniger Tote und Schwerverletzte geben als am Bau: Hier müssen tonnenschwere Betonteile an Drahtseilen schweben, 15 kg schwere Holzbretter werden in schwindelerregender Höhe über den Köpfen montiert, es gibt Erdarbeiten und LKW´s werden unter Zeitdruck entladen. Drittens sorgen Dumpinglöhne, Subunternehmer, Zeit- und Konkurrenzdruck sowie sprachliche Barrieren immer mehr dafür, dass wenig professionell gearbeitet wird. Insofern kann man sicherlich die absolute Zahl der Verletzten und Toten mit entsprechender Sicherheitstechnik weiter reduzieren, dies tun jedoch die anderen BG´s auch und somit wird die Relation untereinander gleich bleiben.

Die Globalisierung der Märkte und der größer werdende Konkurrenzdruck tragen ihr übriges dazu bei, dass diese Problematik auch in Zukunft an Schärfe nicht verlieren wird. Und wer schon einmal auf einer größeren Baustelle war weiß, dass man mit einem Sprachenstudium, das die 12 wichtigsten Sprachen beinhaltet, oft weiter kommen würde als mit der Ausbildung zum Ingenieur oder Maurer.

Ein wirkliches Manko der Einführung des SIGE-Koordinators ist, dass nun einige meinen, andere seien für ihre Sicherheit verantwortlich und sich daraufhin fahrlässiger verhalten werden: Schutzbekleidung wird nicht mehr getragen, brennbare Abfälle nicht mehr beseitigt und bei feuergefährlichen Arbeiten stellt man keine Brandwache, eben weil es ja einen gibt, der für die Sicherheit verantwortlich ist. Den eigentlichen Sinn des SIGE-Koordinators allen am Bau beschäftigten verständlich zu machen, ist entweder nicht möglich, oder es wird sehr lange dauern. Doch nach Untersuchungen der BG Bau sind ca. 28 % aller tödlichen Arbeitsunfälle auf Fehler in der Planung zurückzuführen und wenn die Einführung des SIGE-Koordinators hier zu einer Reduzierung führen sollte, dann hat sich der europaweit betriebene Aufwand gelohnt.

Die Verordnung dient der Verbesserung von Sicherheit und Gesundheitsschutz der Beschäftigten auf Baustellen. Betroffen sind bauliche Anlagen die errichtet, geändert oder abgebrochen werden. Schönheitsreparaturen, Montagearbeiten oder der Einbau einer neuen Heizung und vergleichbare Arbeiten werden hier demnach explizit ausgenommen. Der Bauherr ist verantwortlich, dass die allgemeinen Grundsätze des Arbeitsschutzgesetzes berücksichtigt werden. Bei Bauarbeiten sind der Behörde spätestens 2 Wochen vor der Einrichtung der Baustelle anzukündigen:

- Ort der Baustelle
- Namen und Anschrift des Bauherren
- Art des Bauvorhabens
- Name und Anschrift des anstelle des Bauherrn verantwortlichen Dritten
- Name und Anschrift des Koordinators
- Voraussichtlicher Beginn und voraussichtliche Dauer der Arbeiten

- Voraussichtliche Höchstzahl der Beschäftigten auf der Baustelle
- Zahl der Arbeiter und Unternehmer ohne Beschäftigte, die voraussichtlich auf der Baustelle tätig werden
- Angabe der bereits ausgewählten Arbeitgeber und Unternehmer ohne Beschäftigte

Diese Daten sind jedoch nur dann abzugeben, wenn die Dauer der Arbeiten mehr als 30 Arbeitstage beträgt und zugleich auf der Baustelle mehr als 20 Beschäftigte arbeiten, oder wenn der Umfang der Arbeiten 500 Personentage überschreitet.

Ist für eine Baustelle, auf der Beschäftigte von mehreren Arbeitgebern tätig sind, eine Vorankündigung zu übermitteln oder fallen auf einer Baustelle mit Arbeitern von mehreren Arbeitgebern gefährliche Arbeiten an, so muss ein SIGE-Koordinator gestellt werden. Als „gefährliche Arbeiten" zählen nach der Vorschrift:

- Versinken und verschüttet werden von mehr als 5 m oder Absturz von mehr als 7 m
- Explosionsgefährliche, krebserzeugende und ähnlich geartete Arbeiten
- Arbeiten mit ionisierenden Strahlungen
- Arbeiten in einem geringeren Abstand als 5 m von Hochspannungsleitungen
- Arbeiten, bei denen die Gefahr des Ertrinkens besteht
- Brunnenbau, unterirdische Erdarbeiten, Tunnelbau
- Arbeiten mit Tauchgeräten
- Arbeiten in Druckluft
- Arbeiten, bei denen Sprengstoff eingesetzt wird
- Bewegung von Massivbauelementen mit mehr als 10 t Gewicht

Für derartige Baustellen sind ein oder mehrere geeignete SIGE-Koordinatoren zu stellen. Während der Planung der Ausführung des Bauvorhabens haben diese insbesondere 3 Aufgaben:

1. Die Maßnahmen des Arbeitsschutzes zu koordinieren
2. Den Sicherheits- und Gesundheitsschutzplan auszuarbeiten
3. Eine Unterlage mit den erforderlichen Arbeiten und den dazu erforderlichen Sicherheits- und Gesundheitsschutzmaßnahmen zusammenzustellen

Auch wenn ein Generalübernehmer ein Gebäude errichtet und ein geeigneter SIGE-Koordinator für den Sicherheitsplan zuständig ist, so verbleibt beim Bauherrn immer noch die Organisations- und Überwachungsverantwortung. Um die Verwirrung zu nehmen, ob man eine Baumaßnahme ankündigen muss, ob man einen SIGE-Koordinator benötigt und ob ein SIGE-Plan erstellt werden muss, geben die folgenden beiden Tabellen Auskunft. Wenn auf einer Baustelle ausschließlich die Beschäftigten eines Arbeitgebers arbeiten werden, also z. B. die Arbeiter von einem größeren Bauunternehmer, so gilt:

Anzahl der Arbeiter, der Arbeitstage oder der Personentage	Vorankündigung nötig	Koordinator und SIGE-Plan nötig
< 30 Arbeitstage und zugleich < 20 Arbeiter oder < 500 Personentage (mit oder ohne gefährliche Arbeiten)	Nein	Nein
> 30 Arbeitstage und zugleich > 20 Arbeiter oder > 500 Personentage (mit oder ohne gefährliche Arbeiten)	Ja	Nein

Und für den wohl eher üblichen Fall, dass auf einer Baustelle die Beschäftigten von mehreren Arbeitgebern arbeiten werden, also z. B. die Arbeiter von einem Bauunternehmer, einem Dachdecker, einem Spengler, einer Elektrofachfirma usw., gilt die folgende Tabelle:

Anzahl der Arbeiter, der Arbeitstage oder der Personentage	Vorankündigung nötig	Koordinator und SIGE-Plan nötig	SIGE-Plan nötig
< 30 Arbeitstage und zugleich < 20 Arbeiter oder < 500 Personentage (ohne gefährliche Arbeiten)	Ja	Nein	Nein
< 30 Arbeitstage und zugleich < 20 Arbeiter oder < 500 Personentage (mit gefährlichen Arbeiten)	Ja	Nein	Ja
< 30 Arbeitstage und zugleich < 20 Arbeiter oder < 500 Personentage (mit gefährlichen Arbeiten)	Ja	Ja	Ja

Anhand dieser beiden Tabellen ist schnell ersichtlich, ob man handeln muss und wenn ja, was zu tun ist. Wer den genauen Gesetzestext benötigt, kann sich diesen von der BG Bau holen.

Wenn mehrere Arbeitgeber auf der Baustelle tätig sind, so muss unabhängig von den übrigen Randbedingungen (wie viele Arbeiter, wie viele Arbeitstage, gefährliche Arbeiten) eine Unterlage für spätere Arbeiten am Bauwerk erstellt werden. Diese Unterlage ist während der Planung der Ausführung des Bauvorhabens vom Koordinator zu erstellen; hierin sind die erforderlichen, bei möglichen späteren Arbeiten am Gebäude zu berücksichtigenden Angaben zur Sicherheit und zum Gesundheitsschutz zusammenzustellen. Auch wenn diese Unterlage nicht gefordert ist, z. B. wenn lediglich ein Arbeitgeber seine Mitarbeiter auf der Baustelle beschäftigt, ist es durchaus auch im Sinne und im Interesse der späteren Gebäudebetreiber, eine derartige Leitlinie zur Hand zu haben.

5.10 Löschwasserrückhalte-Richtlinie

„Die Katastrophen von heute sind die Vorschriften von morgen"; mit diesem Satz, entnommen einem TV-Bericht über die österreichische Brandkatastrophe von Kaprun, bei der über 150 Menschen binnen weniger Minuten getötet worden sind, soll diese Vorschrift vorgestellt werden. Es musste erst der Fluss Rhein über viele 100 km nach einem Brand verseucht werden, bevor man diese Richtlinie kreiert hat. 1986 brannte eine Lagerhalle, die am Rande des Flusses stand. Das Feuer wurde von den beteiligten Feuerwehren mit vielen 100 m^3 Löschwasser gelöscht. Dieses Löschwasser ist in den Rhein gelangt und hat bis zur Mündung ins Meer alle Fische getötet und die Trinkwasserversorgung von Millionen Menschen für Wochen verseucht. Als die Giftstoffe schließlich ins Meer abgelaufen waren, kam auch wieder das Leben in den Fluss und neu eingesetzte Fische haben sich vermehrt und den vorherigen Zustand in relativ schneller Zeit wieder hergestellt; auch die Trinkwasserversorgung konnte relativ zügig wieder mit Hilfe des Flusswassers aufgebaut werden.

Danach hat man es sich zum Ziel gemacht, solche Katastrophen zukünftig zu verhindern. Sollte also in einem Gebäude größere Mengen an Stoffen vorhanden sein, die in Wasser gelöst gefährlich für die Umwelt, die Natur und somit auch das Grund- oder Flusswasser sind, muss man die Gebäude so errichten, dass das im Brandfall eingesetzte Löschwasser zurückgehalten wird. Das geht zum einen durch Wannen, flüssigkeitsresistente Böden (Beton, Beschichtung, Fliesen, Lack, doppelwandige Behälter, Auffangwannen), zum anderen auch durch automatisch oder manuell schwenkbare Sperren für Türbereiche. Es kommt natürlich stark auf die zu löschenden Mengen an und ob die grundwassergefährdenden Stoffe überhaupt brennbar sind (sonst können sie ja nicht brennen und ein Löschen wird nicht nötig) – dann aber darf das Gebäude nicht aus brennbaren Baustoffen bestehen, sonst ist die Feuergefahr und somit auch die Gefährdung der Natur erneut gegeben. Solche Gebäude errichtet man am besten neu, der Umbau bestehender Gebäude ist meist sehr aufwändig oder uneffektiv. Man muss in die Lagerräume ja mit Staplern einfahren können, um die schweren Behälter oder Paletten einzubringen, also brauchen die Räume einen tieferen Fußboden und eine befahrbare Rampe; in diesem Fall wäre dann der Boden und der untere Teil der Wände als flüssigkeitsresistente Wanne auszulegen und es könnte kein Löschwasser austreten. Wenn der Boden des Lagerraums jedoch auf der Höhe der Räume davor ist, dann benötigt man im Bereich der Tür eine schwenkbare Barriere, die ein Austreten an dieser Stelle verhindert.

Hierzu ein konkretes Rechenbeispiel aus der Praxis: Ein Lager mit 70 m^2 Raumgrundfläche und 50 m^2 Lagerfläche hat demnach noch 20 m^2 Geh- und Fahrfläche; in diesem Lagerraum werden mehr als 200 Tonnen grundwassergefährdende Stoffe gelagert und zwar auf einer Höhe bis maximal 12 m. Dann muss man lt. Tabelle 2 der Richtlinie mindestens 12 m^3 Löschwasser zurückhalten. Wenn die Lagerhöhe größer ist, ergeben sich andere Werte. Nun ist der Lagerraum 70 m^2 groß, dann sind mindestens 17 cm auf allen 4 Seiten flüssigkeitsresistent zu streichen oder zu fliesen, der Zugang muss für Hub- oder Gabelstapler geeignet sein, er muss problemlos möglich sein. Die einfach nachzuvollziehende Rechnung hierzu lautet (x ist die Höhe der flüssigkeitsresistenten Wandbeschichtung): $x = 12\ m^3 : 70\ m^2 = 0{,}17\ m = 17\ cm$

Bei einer größeren Raumfläche würde sich die Höhe reduzieren, also beispielsweise bei 140 m^2 wäre sie nur 8,5 cm, denn es müssten dann ja – gleiche Lagermengen vorausgesetzt – ebenfalls nur 12 m³ zurückgehalten werden.

Man würde in diesem Fall aber sicherlich nicht 17 cm, sondern 20 oder mehr so auslegen, damit Löschwasser nicht austreten kann. Dieses nun gestaute Löschwasser kann man nach Erkalten der Brandstelle absaugen und ein qualifizierter Entsorger würde es reinigen oder nachverbrennen. Die Feuerversicherer zahlen meist die Kosten hierfür.

Anmerkung: Nur die wenigsten Unternehmen verfügen überhaupt über solche Stoffe, denn beispielsweise Kunststoffe (wie Styropor oder PVC) würden im Brandfall flüssig werden, aber sollte geschmolzenes Granulat ins Freie fließen, würde es schnell erkalten – es würde nicht schädigend ins Grundwasser eindringen können. Aber bei Düngemittenl, bestimmten Chemikalien und Lösemitteln ist der jeweilige Beipackzettel gut zu lesen und eventuell muss man sie in besonderen Lagerräumen aufbewahren. Auch wenn die Kosten für den Umbau nicht unerheblich sind: Sollte es zu einem größeren Schaden kommen, kann es sein, dass aus Umweltschutzgründen das Gebäude anschließend abgerissen und viele m³ Boden dekontaminiert werden müssen und diese Kosten sind meist nicht oder nicht ausreichend versichert oder sie sind nicht versicherbar.

Die optimale Absicherung gegen austretendes Löschwasser wird hier durch den U-förmigen Bodenablauf um die Hebebühne herum gewährleistet, darunter befinden sich 15 m³ Löschwasser-Aufnahmereservoir

5.11 Leitungsanlagenrichtlinie

Der Geltungsbereich dieser Verordnung ist deutschlandweit, sie gilt grundlegend für alle Gebäude und betrifft Leitungen in Treppenhäusern, Fluren, Leitungen durch Decken sowie Leitungen durch bestimmte Wände. Die Vorschrift gilt auch für Lichtwellenleiter und die Befestigungen, Beschichtungen und Isolierungen zählen ebenfalls dazu. Es geht um Rohre und Leitungen in Gebäuden und hier vor allem in Notwendigen Fluren und Treppenräumen. Das offene Verlegen von Leitungen und Rohren hier kann schnell zur tödlichen Falle werden: Brennen oder schmoren diese meist schwerentflammbaren Kunststoffe, entstehen schnell viele 100 m³ oder auch mehrere 1.000 m³ an tödlichen Rauchgasen. Dies geschieht meist zügig und völlig geräuschlos: Wenn man sich gerade in einem angeschlossenen Aufenthaltsraum aufhält und zu spät davon erfährt, führt der erste Fluchtweg nun über diese tödliche Falle. Deshalb müssen Fluchtwege (Flure, Treppenräume) frei gehalten sein von Brandlasten und Zündquellen. Stromleitungen beinhalten beides, denn der Strom (also die bewegten Elektronen) fungiert häufig als Zündquelle und die dadurch erwärmten Kunststoff-Ummantelungen brennen dann recht gut.

Geschieht dies in einem Aufenthaltsraum, merkt man das (es sei denn, man schläft – deshalb fordern viele Bauordnungen mittlerweile Rauchmelder in Schlafräumen) und kann über brandfreie Fluchtwege sicher ins Freie. Geschieht es aber vor den Aufenthaltsräumen und sind diese nicht im Erdgeschoss, kann es schnell tödlich enden.

Rohre und Leitungen sind beim Durchtritt durch Brandwände, feuerbeständige Wände oder Böden und Decken mit brandschutztechnischen Anforderungen zu schotten und zwar so, dass weder Brand noch Rauch durchdringen kann; meist wird eine feuerbeständige Abschottung gefordert.

Leitungen in Treppenräumen und Fluren sind nur erlaubt, wenn keine Bedenken wegen des Brandschutzes (Flucht- und Rettungsmöglichkeiten) bestehen und dies bedeutet, dass sie mindestens 15 mm voll eingeputzt sein müssen oder alternativ dazu mindestens 15 mm dicke Platten davor gesetzt bekommen, die natürlich rauchdicht sein müssen. Werden die Leitungen eingeputzt ist zu beachten, dass die Restdicke der Wand der geforderten Wandqualität (z. B. feuerbeständig) entsprechen muss. In Fluren und Treppenräumen sind Leitungen Aufputz nur erlaubt, wenn sie unmittelbar dem Flur oder der Brandbekämpfung dienen; Verteiler sind mindestens F 30 und rauchdicht abzutrennen.

Ein offenes Verlegen von Leitungen ist erlaubt von nichtbrennbaren Leitungen, wenn es sich um kurze Stichleitungen handelt oder wenn die Leitungen ausschließlich für die Flurversorgung verlegt worden sind und nicht für die hiervon abgehenden Räume. Dabei ist es unerheblich, ob es sich um Stromleitungen oder Datenleitungen (Telefon, TV, Computer) handelt und es ist auch nicht relevant, ob es Lichtwellenleiter oder Kupferleiter sind. Leitungen mit verbessertem Brandverhalten (das heißt, dass es im Brandfall wenig Rauchentwicklung gibt) dürfen grundsätzlich offen verlegt werden, aber man sollte dies dennoch versuchen zu meiden.

Nichtbrennbare Rohrleitungen, die für nichtbrennbare Medien (Flüssigkeit, Dampf, Gas, Staub) verwendet werden, dürfen brennbare Dichtungs- und Verbindungsmittel enthalten und zusätzlich bis 0,5 mm brennbar beschichtet sein. Es ist immer noch legitim nach dieser Vorschrift, wenn sie offen in Fluren oder Treppenräumen verlegt werden.

Brennbare Rohrleitungen (für nichtbrennbare Medien) werden, wie auch schon bei den Stromleitungen aufgeführt, mindestens 15 mm unter mineralischen Putz verlegt oder mit 15 mm dicken Platten verschlossen. In Installationsschächten, die komplett nach F 90 geschottet sind sowie über Unterdecken (F 90) darf man sie ebenfalls wieder ohne weitere Schutzmaßnahmen verlegen; dies gilt ebenfalls in Hohlraumestrichen. Dies ist auch korrekt, denn im Brandfall kann der Flur lange genug sicher genutzt werden. Einzelne elektrische Leitungen sowie nichtbrennbare Rohrleitungen bis 160 mm Durchmesser und Installationsrohre bis 32 mm dürfen über gemeinsame Decken-Wanddurchbrüche geführt werden, wenn die nachfolgenden Anforderungen erfüllt sind:

- Es werden lichte Abstände untereinander gemäß der Vorgabe (z. B. Durchmesser des dicksten Rohrs/der dicksten Leitung) eingehalten
- Die Wand bzw. Decke muss mindestens 80 mm dick sein
- Der Zwischenraum von der Leitung zur dazu gehörenden Bohrung wird vollständig ausgemörtelt

Wird das nicht realisiert, muss man die Leitungen und/oder Rohre feuerbeständig schotten: L 90, S 90. Einzelne Leitungen in einer Bohrung sind erlaubt, wenn der Raum nichtbrennbar und vollständig umschlossen ist. Für Krankenhäuser (OP-Räume), Feuerwehrfahrstühle, Notbeleuchtungen u. a. m. sind häufig funktionserhaltende Leitungen gefordert. Hier gibt es in der Leitungsanlagenrichtlinie folgende Vorgaben:

Leitungen, die mindestens 90 Minuten funktionsfähig bleiben, sind Wasserdruckanlagen für Sprinkleranlagen, maschinelle RWA-Anlagen in Sonderbauten, Feuerwehraufzüge und grundsätzlich in Krankenhäusern. Leitungen, die mindestens 30 Minuten funktionsfähig bleiben müssen sind die Sicherheitsbeleuchtung, sonstige Personenaufzüge, Rundrufanlagen, natürlich funktionierende RWA-Anlagen (NRA-Anlagen), maschinelle RWA-Anlagen in „normalen“ Gebäuden (d. h. keine Sonderbauten) sowie Brandmeldeanlagen.

Das sind wesentlich zu viele Stromleitungen für die brandschutztechnisch offene Decke in einen sog. Notwendigen Flur: Die Leitungen sind mindestens feuerhemmend und rauchdicht abzukoffern oder es ist eine solche Unterdecke herzustellen – oder die Leitungen werden anderswo verlegt

6 Weitere brandschutztechnische Vorschriften

In Richtung „Brandschutz“ gibt es tatsächlich keine direkten deutschlandweit gültigen Vorschriften, allerdings in die beiden Richtungen Arbeitsschutz und Explosionsschutz; hier finden sich dann wieder direkte Vorschriften oder indirekte abzuleitende Vorgaben für den Brandschutz. Daneben gibt es noch landesrechtliche Unterschiede sowie äußerst differenzierte Vorgaben aus privatrechtlicher Richtung, nämlich von den jeweiligen Versicherungsunternehmen.

Wenn man keine juristischen Probleme bekommen will oder nach einem Brand anstandslos den Schaden von einer Versicherung ersetzt haben will, tut man sich einen großen Gefallen, die brandschutztechnischen Vorschriften erstens zu kennen und zweitens einzuhalten.

Brandschutz hatte schon vor 700 und mehr Jahren eine gesellschaftliche Bedeutung; man denke nur an die großen Brände die Städte, Wertgegenstände und nicht zu letzt auch viele Menschen getötet oder ruiniert haben. Deshalb wurde z. B. am 08. Mai 1342 von Kaiser „Ludwig der Bayer“ eine Vorschrift erlassen, die besagte: „Bürger der Stadt München sind verpflichtet, nur gemauerte Kamine zu bauen. Stroh- und Schindeldächer sind verboten.“ Damit sollte zum einen die Brandentstehungswahrscheinlichkeit, zum anderen auch die Brandausbreitungswahrscheinlichkeit reduziert werden und beides sind sinnvolle, grundlegend heute noch in den Bauordnungen zu findende Vorschriften. 29 Jahre später wurde dann die Münchner Feuerordnung (1371) kreiert: „Jede Gasse muss nachts 3 Wächter haben, die unten gehen. 2 Wächter müssen auf jedem Tor sein und je 4 Häuser müssen einen Wächter haben, der hinter den Häusern auf der Hut ist. Jedes Haus muss einen Bottich voll Wasser [= Feuerlöscher] bereit halten; wer das nicht tut, gibt dem Richter [als Strafe] 6 Pfennig und der Stadt 12 Pfennig."

Diese und weitere Vorschriften sowie die Errichtung von Wehren gegen Brände trugen dazu bei, dass große Brände (Stadtbrände, Theaterbrände) seltener vorkamen und schneller bzw. effektiver bekämpft werden konnten.

Doch bereits vor 4 Jahrtausenden gab es Brandschutzvorgaben; damals, noch nach dem alten Testament lebend, d. h. das Prinzip der Rache, der Vergeltung, wurde geschrieben (1.800 v. Chr.: Ältestes Baugesetz der Welt, im Louvre in Stein gemeißelt): „Wenn ein Baumeister ein Haus errichtet und er seine Arbeit nicht sorgfältig ausführt und dadurch der Hausbesitzer ums Leben kommt, dann töte man auch den Baumeister. Wird dadurch auch der Sohn des Hausbesitzers getötet, so töte man auch den Sohn des Baumeisters." Damit wurde präventiv schon dafür gesorgt, dass man keinen Pfusch baut, sondern solide Handwerkskunst abliefert.

6.1 Einführung in Gesetze, Vorschriften und Bestimmungen

Wir haben in Deutschland neben den jeweiligen Bauvorschriften die Vorgaben der Gewerbeaufsicht einerseits und mehrere 100 Vorgaben der Berufsgenossenschaften auf der anderen Seite. Dazwischen gibt es noch eine Reihe von Gesetzen und Bestimmungen, die sich zum Teil überdecken, zum Teil ergänzen – und manchmal auch widersprechen.

Nichtwissen schützt nicht vor Strafe, das sollte bekannt sein. Auch wenn man jahrelang gegen Vorschriften verstößt und glücklicherweise trotzdem nichts passiert, so bedeutet das nicht, dass man nach einem Schaden nicht doch Ärger bekommt. Dieser Ärger kann darin bestehen, dass man von einer Versicherung (Feuer oder Berufsgenossenschaft) kein Geld bekommt oder dass man aufgrund seines (evtl. fehlenden) Verhaltens in Regress genommen wird.

Unternehmen – und das ist ein Konzern ebenso wie eine Arztpraxis oder eine Metzgerei – müssen wesentlich mehr Vorschriften kennen und einhalten als private Personen. Die wesentlichen dieser Vorschriften finden sich in den nachfolgenden Unterkapiteln oder im vorangegangenen Kapitel 5.

Es wird empfohlen, sich die Vorschriften, die für das jeweilige Unternehmen gültig sind, von den entsprechenden Stellen (Berufsgenossenschaft, Feuerversicherung und ggf. auch der Feuer-Betriebsunterbrechungsversicherung, Feuerwehr, Bauamt, Gewerbeaufsicht, Landratsamt usw.) zu holen, zu kennen und umzusetzen, d. h. zu leben.

6.2 Strafgesetzbuch

Es ist ein elementarer Unterschied, ob man wegen eines relativ harmlosen Verstoßes eine Strafe wegen einer Ordnungswidrigkeit bezahlen muss, oder ob man quasi wie ein Verbrecher nach dem Strafgesetzbuch verurteilt wird. An dieser Stelle sei angemerkt, dass Personen, die eine Bewährungsstrafe bekommen haben, rechtsgültig verurteilt und nicht freigesprochen worden sind. Moralisch und juristisch ist der Verstoß gegen einen Paragraphen des Strafgesetzbuchs wesentlich gravierender und es gehört ein bestimmtes (bedenkliches) Verhalten, gar Vorsatz oder Boshaftigkeit dazu, wenn einem Auszüge aus dem Strafgesetzbuch vorgehalten werden – im Gegensatz zu „Kavaliersdelikten". Gesetzlich hoch bestraft wird der, der wissentlich falsch vorgibt, es wäre irgendwelche Hilfe (Feuerwehr, Polizei, Notarzt) nötig; weiter unterscheidet der Gesetzgeber stark, ob jemand einen Gegenstand entwendet (= stiehlt) oder unbrauchbar macht, der „nur" Geld kostet und evtl. dem Genuss bzw. Vergnügen dient, oder ob dieser Gegenstand für Notfälle gedacht ist; letzteres ist ein relativ schweres Vergehen:

- **§ 145:** Wer absichtlich oder wissentlich Notrufe oder Notzeichen missbraucht oder vortäuscht, dass wegen eines Unglückfalls oder wegen gemeiner Gefahr oder Not die Hilfe anderer erforderlich sei, wird mit Freiheitsstrafe bis zu 1 Jahr oder mit Geldstrafe bestraft. Wer absichtlich oder wissentlich die zur Verhütung von Unglücksfällen oder gemeiner Gefahr dienenden Warn- oder Verbotszeichen beseitigt, unkenntlich macht oder in ihrem Sinn entstellt oder die zur Verhütung von Unglücksfällen oder gemeiner Gefahr dienenden Schutzvorrichtungen oder die zur Hilfeleistung bei Unglücksfällen oder gemeiner Gefahr bestimmten Rettungsgeräte oder andere Sachen beseitigt, verändert oder unbrauchbar macht, wird mit

Freiheitsstrafe bis zu 2 Jahren oder mit Geldstrafe bestraft.

Damit ist gesagt, wer aus „Jux" oder weil er angetrunken ist, z. B. die Feuerwehr bewusst falsch alarmiert oder wer brandschutztechnische Einrichtungen wie Feuerlöscher oder Wandhydrantenschläuche stiehlt oder wer Sprinkleranlagen, Steigleitungen oder Brandschutztüren unbrauchbar macht, z. B. durch das Aufkeilen einer Brand- und/oder Rauchschutztür, der kann im entsprechenden Schadenfall 1 Jahr (für falsche Alarmierung) oder 2 Jahre (für Diebstahl und uneffektiv machen) Gefängnis bekommen; üblich wird eine in Relation zum Einkommen hohe Geldstrafe sein.

Es gibt nur einige wenige Schwerverbrechen, die Menschen begehen können. Vorsätzliche Brandstiftung und Sprengstoffanschläge gehören fast immer dazu. Der Grund liegt darin, dass man nicht sicher voraussagen kann, wie sich ein Brand entwickelt; es ist immer möglich, dass Personen (noch im Gebäude befindliche, Feuerwehrleute, Passanten, Nachbarn u. a. m.) durch ein Feuer direkt oder indirekt gefährdet, verletzt, entstellt, behindert oder getötet werden. Deshalb gibt es für Brandstifter meist wenig Nachsicht und häufig sehr hohe Strafen, auch wenn „nur" Menschen gefährdet waren:

- **§ 306 a – d: Brandstiftung, schwere Brandstiftung, besonders schwere Brandstiftung, Bandstiftung mit Todesfolge, fahrlässige Brandstiftung**

  Wer fremde Sachen in Brand setzt, wird mit Freiheitsstrafe von nicht unter 1 Jahr bis 10 Jahren bestraft. Wird leichtfertig der Tod eines Menschen verursacht, so ist die Strafe nicht unter 10 Jahren bis lebenslang.

- **§ 306 f: Herbeiführen einer Brandgefahr**

  Wer Betriebe oder Anlagen, Wälder, Heiden, Bauernhöfe und bestellte Felder durch Rauchen, durch offenes Feuer oder Licht, durch Wegwerfen brennender oder glimmender Gegenstände oder in sonstiger Weise in Brandgefahr bringt, wird mit Freiheitsstrafe bis zu 3 Jahren oder mit Geldstrafe bestraft.

- **§ 308, Herbeiführen einer Sprengstoffexplosion**

  Wer durch Sprengstoff eine Explosion herbei führt und dadurch Menschenleben oder fremde Gegenstände gefährdet, wird mit Freiheitsstrafe nicht unter einem Jahr bestraft. Werden mehrere Menschen gefährdet, so liegt die Strafe bei nicht unter 2 Jahren. Wird leichtfertig der Tod eines anderen Menschen riskiert, so ist die Strafe lebenslang oder nicht unter 10 Jahren.

Besonders für Architekten, Bauingenieure, Bauleiter und Bauherren ist noch der folgende Paragraph des Strafgesetzbuchs von großer Bedeutung: Muss man doch möglichst alle Vorgaben in Richtung Arbeits- und Brandschutz kennen, wenn man ein Gebäude errichtet oder beseitigt; wer weiß, wie es auf Baustellen üblicherweise zugeht, dem wird schnell klar, wie wenig lukrativ es ist, hierfür die Verantwortung zu übernehmen:

- **§ 319:** Wer bei der Planung, Leitung oder Ausführung eines Baus oder dessen Abbruch gegen die allgemein anerkannten Regeln der Technik verstößt und dadurch Leib oder Leben eines anderen Menschen gefährdet, wird mit Freiheitsstrafe bis zu 5 Jahren oder mit Geldstrafe bestraft.

Es mag noch eine Reihe von weiteren Parapgraphen im Strafgesetzbuch geben, die mit Sicherheit und Brandschutz zu tun haben, doch das sollten die wesentlichen, die wichtigsten sein im Rahmen dieses Grundlagenbuchs.

6.3 Arbeitsstättenverordnung

Die Arbeitsstättenverordnung wurde 1975 kreiert und 2004 neu überarbeitet; sie sagt primär aus, wie Arbeitsstätten auszusehen haben, damit sie menschenwürdig und sicher sind. Arbeitsstätten sind Unternehmen mit mindestens einem Angestellten: Also Arztpraxen ebenso wie Baustellen, Industrieunternehmen jeglicher Art ebenso wie Pizzabäckereien, Büros von Beamten ebenso wie von Angestellten, Juwelierläden ebenso wie Reaktorgebäude und Universitätslabore ebenso wie Bauernhöfe. Primär geht es um ergonomische und arbeitsschutzrechtliche Dinge, doch auch brandschutzrelevante Punkte fallen hierunter. Die aus Brandschutzsicht wesentlichen Inhalte dieser Vorschrift mit 6 Seiten und 13 Seiten Anhang sind nachfolgend aufgeführt:

- Es darf keine (Brand-)Gefährdung für die Mitarbeiter bestehen
- Arbeitsstätten sind instand zu halten
- Festgestellte Mängel sind unverzüglich zu beseitigen
- Bestehen Gefahren oder liegen gefährliche Mängel vor, so ist die Arbeit einzustellen
- Gefährliche Ablagerungen sind unverzüglich zu beseitigen
- Mindestens die nachfolgend aufgeführten Einrichtungen sind fachgerecht instand zu halten und regelmäßig fachgerecht zu überprüfen: Sicherheitsbeleuchtung, Feuerlöscheinrichtungen (Sprinkler, Wandhydranten, Feuerlöscher), Signalanlagen, Notaggregate, Notschalter, Lüftungs- und Entrauchungsanlagen
- Verkehrswege, Fluchtweg und Notausgänge müssen ständig (d. h. jederzeit) frei gehalten werden
- Bei Gefahr (z. B. Rauch, Brand) muss man sich unverzüglich in Sicherheit begeben und schnell gerettet werden können

- Wenn es die Lage, die Ausdehnung oder die Art der Benutzung der Arbeitsstätte erforderlich macht, benötigt man einen Flucht- und Rettungsplan
- Gebäuderäumungen sind in angemessenen Zeitabständen zu üben
- Sind Gefahren vorhanden, sind entsprechende Sicherheits- und Gesundheitsschutzkennzeichnungen einzusetzen
- Stromführende Leitungen und Anlagen müssen brandsicher sein und dürfen keine Explosionen auslösen können
- Direktes oder indirektes Berühren mit Strom muss unterbunden sein
- Es werden geeignete Feuerlöscheinrichtungen nötig
- Je nach Gefahrenpotenzial braucht man Brandmelder und Alarmierungseinrichtungen
- Nicht selbsttätige Feuerlöscheinrichtungen müssen gekennzeichnet, errreichbar und handhabbar sein
- Automatische Brandlöschanlagen müssen mit Warneinrichtungen versehen sein, wenn das Löschmittel personengefährdend ist
- Flucht- und Rettungswege müssen auf möglichst kurzem Weg ins Freie führen oder in einen gesicherten Bereich
- Arbeitsstätten sowie Flucht- und Rettungswege brauchen Sicherheitsbeleuchtungen, wenn das gefahrlose Verlassen der Arbeitsstätte für die Beschäftigten (z. B. bei Ausfall der Beleuchtung) nicht gewährleistet ist
- Türen im Verlauf von Fluchtwegen und Türen von Notausgängen müssen sich von innen leicht und ohne Hilfsmittel in Fluchtrichtung öffnen lassen, so lange Mitarbeiter anwesend sind
- Solche Türen sind auszuschildern

6.4 Arbeitssicherheitsgesetz

Auch dieses Gesetz behandelt primär den Arbeitsschutz, von dem der Brandschutz jedoch als Teilbereich zu sehen ist – wie die Ergonomie, der Strahlenschutz, arbeitsphysiologische Belastungsgrenzen u. a. m. Das Arbeitssicherheitsgesetz gibt deshalb in vielen Teilbereichen indirekt Vorgaben, um den Brandschutz, die Arbeitssicherheit, die Unfallverhütung im Allgemeinen sowie auch die Gesundheitsförderung in Unternehmen durch technische und organisatorische Maßnahmen zu verbessern. Unterschiedliche Gefährdungen, Firmenstrukturen, Betriebsgrößen und Unternehmensziele machen es schwer, einheitliche Vorgaben auszusprechen oder Schutzniveaus miteinander zu vergleichen; andererseits stehen sich ja auch unterschiedliche Bildungsniveaus gegenüber: Man denke an einen Pharmakonzern, wo ausschließlich unterwiesene, sensibilisierte und vor allem auch sensibilisierbare Mitarbeiter arbeiten und im Gegensatz dazu eine Baustelle mit vielleicht 70 % ungelernten Hilfskräften, von denen über die Hälfte der deutschen Sprache nicht oder nicht ausreichend mächtig ist und ein nicht geringer Prozentsatz aus Ländern kommt, wo einem Menschenleben, der Gesundheit und der Gesundheitsvorsorge nicht die Bedeutung zufällt wie in einem zivilisierten Land.

Das Arbeitssicherheitsgesetz stammt aus dem Jahr 1973 und hat folgende grundlegende Inhalte: Zum einen werden die Aufgaben von Betriebsärzten und der Fachkräften für Arbeitssicherheit gefordert und geregelt. Dann müssen diese konstruktiv untereinander ebenso wie mit dem Betriebsrat zusammenarbeiten, wozu auch der § 89 des Betriebsverfassungsgesetzes die Betriebsräte verpflichtet. Schließlich wird noch die Bildung eines Arbeitsschutz-Ausschusses gefordert (vierteljährlicher Rhythmus), bei dem sicherheitsrelevante Themen effektiv diskutiert werden. Der

Arbeitgeber hat qualifizierte Fachkräfte für Arbeitssicherheit zu bestellen und ihnen Aufgaben zu übertragen; diese sollen ihn beim Arbeitsschutz und dem Brandschutz unterstützen. Betriebsärzte und Fachkräfte für Arbeitssicherheit sind weisungsfrei. Sie dürfen wegen der Erfüllung der ihnen übertragenen Aufgaben nicht benachteiligt werden.

6.5 Arbeitsschutzgesetz

Auch das Arbeitsschutzgesetz gilt für alle Art von Arbeitsstätten, wie zuvor bereits bei der Arbeitsstättenverordnung bereits aufgeführt. Danach gibt es Pflichten in Richtung „Sicherheit“ und „Brandschutz“ der Arbeitgeber ebenso wie Pflichten auf der Seite der Beschäftigten. Das Gesetz will, dass die Sicherheit, insbesondere Arbeits-, Gesundheits- und Brandschutz am Arbeitsplatz konkret verbessert wird. Konkret wird gefordert:

- Der Arbeitgeber muss ggf. auch brandschutzrelevante Maßnahmen am Arbeitsplatz treffen, um die Sicherheit seiner Mitarbeiter gewährleisten zu können
- Getroffene Maßnahmen sind auf ihre Wirksamkeit hin zu überprüfen
- Verbesserungen sind anzustreben
- Dazu muss es eine geeignete Organisation geben, die mit den dazu erforderlichen Mitteln ausgestattet ist
- Diese Kosten trägt der Arbeitgeber
- Gefährdungen müssen vermieden werden oder möglichst gering sein
- Gefahren sind an der Quelle (d. h. wo sie entstehen) zu beseitigen und nicht da, wo sie sich auswirken können
- Der Stand der Sicherheitstechnik ist jeweils zu berücksichtigen
- Es sind besondere Maßnahmen zum Schutz und zur Rettung von Behinderten zu treffen
- Mitarbeiter müssen Arbeitsplätze unverzüglich verlassen können
- Es sind Maßnahmen zu treffen, die der Brandbekämpfung dienen

- Es muss effektive Vorsorgeüberlegungen für eine Gebäuderäumung geben
- Es muss die Möglichkeit geben, die Feuerwehr zu rufen
- Mitarbeiter sind entsprechend ihrer Fähigkeiten/Kennnisse und der Gefährdungen am Arbeitsplatz individuell zu instruieren
- Mitarbeiter müssen sich sicherheitsgerecht verhalten und gefährliche Situationen melden

6.6 Betriebssicherheitsverordnung

Die Betriebssicherheitsverordnung stammt aus dem Jahr 2002, es geht hier um Explosionsschutz und überwachungsbedürftige Anlagen sowie auch um Mehrfachregelungen (Arbeitsmittel-Benutzungsverordnung; Verordnung über elektrische Anlagen in EX-gefährdeten Bereichen; Druckbehälterverordnung; Aufzugsanlagenverordnung; Verordnung über brennbare Flüssigkeiten; mehrere –zig BG-Bestimmungen) zu beseitigen.

Brandschutzrechtlich besonders relevant ist die Forderung, dass seit Anfang 2006 für alle Arbeitsmittel und Arbeitsabläufe in explosionsgefährlichen Bereichen ein Explosionsschutzdokument für Arbeitsmittel erstellt werden muss. Es ist die Art, der Umfang, die Tiefe und die Fristen von Prüfungen festzulegen. Wenn möglicherweise eine EX-fähige Atmosphäre entsteht, muss diese in Qualität und Quantität beurteilt werden; entsprechend sind Vorsorge- undGegenmaßnahmen festzulegen, einzuführen, einzuhalten und zu prüfen:

- Ermittlung von Explosionsgefährdungen
- Bewertung von Explosionsgefährdungen
- Effektive Vorkehrungen zur Erreichung der selbst festgelegten Ziele des Explosionsschutzes
- Einteilung unterschiedlicher Bereiche im Unternehmen bzw. auch an/in Anlagen mit Zoneneinteilung gemäß Anhang 3 der BetrSichV

Die BetrSichV schreibt vor, dass sog. „befähigte Person“ anstatt der früher tätigen „Sachkundigen“ Prüfungen durchführen. Befähigt ist eine Person, die durch Berufsausbildung, Berufserfahrung sowie berufliche Tätigkeit über Fachkenntnisse zur Prüfung der Arbeitsmittel verfügt. Der Arbeitgeber hat sicherzustellen, dass Arbeitsmittel nach jeder Montage, vor der ersten Inbetriebnahme, nach Schäden oder besonderen Ereignissen und grundsätzlich nach Instandsetzungsarbeiten, welche die Sicherheit der Arbeitsmittel beeinträchtigen können, durch diese befähigte Person geprüft werden. Der Betreiber muss entscheiden welche Anlage, nach welchem Regelwerk, durch welchen qualifizierten Sachverständigen und mit welcher Dokumentation zu prüfen ist.

Die Gefahrenklassen bei brennbaren Flüssigkeiten nach der ehemaligen Verordnung brennbarer Flüssigkeiten AI, AII, AIII und B entfallen. An ihre Stelle treten die flammpunktbereichsabhängigen Bezeichnungen hochentzündlich (d. h. Flammpunkt < 0 °C), leichtentzündlich (d. h. Flammpunkt < 21 °C) und entzündlich (d. h. Flammpunkt ≤ 55 °C). Brandschutztechnisch besonders wichtig sind:

- Der Arbeitgeber hat bei der Gefährdungsbeurteilung nach § 5 des Arbeitsschutzgesetzes unter Berücksichtigung des Standes der Technik, des § 16 der Gefahrstoffverordnung sowie der Anhänge 1 – 4 die notwendigen Maßnahmen für die Bereitstellung und Benutzung der Arbeitsmittel zu ermitteln. Bei den Maßnahmen hat er die Gefährdungen zu berücksichtigen, die mit der Benutzung des Arbeitsmittels selbst verbunden sind und die am Arbeitsplatz durch Wechselwirkung der Arbeitsmittel untereinander, mit Arbeitsstoffen oder der Arbeitsumgebung hervorgerufen werden. Kann nach den Bestimmungen des § 16 der Gefahrstoffverordnung das Auftreten gefährlicher explosionsfähiger Atmosphären nicht verhindert werden, hat der Arbeitgeber zu beurteilen:
  - die Wahrscheinlichkeit und die Dauer des Auftretens gefährlicher explosionsfähiger Atmosphären

- die Wahrscheinlichkeit, dass Zündquellen (einschließlich der elektrostatischen Aufladung) vorhanden sind, aktiviert und wirksam werden
- das Ausmaß der zu erwartenden Auswirkungen durch Explosionen.

Für die Arbeitsmittel sind darüber hinaus Art, Umfang und Fristen der erforderlichen Prüfungen zu ermitteln und dafür geeignete Personen zu bestimmen.

- Der Arbeitgeber darf nur Arbeitsmittel bereitstellen, die für die am Arbeitsplatz gegebenen Bedingungen geeignet sind und sicher betrieben werden können. Neben den technischen Geräten und Anlagen sind auch ergonomische Belange, wie z. B. die Körperhaltung bei der Arbeit zu berücksichtigen.
- Explosionsgefährdete Bereiche sind unter Berücksichtigung der Gefährdungsbeurteilung in Zonen einzuteilen.
- Es muss ein Explosionsschutzdokument erstellt werden, aus dem hervorgeht:
  - die Explosionsgefährdung wurde ermittelt und einer Bewertung unterzogen
  - es wurden angemessene Vorkehrungen getroffen, um die Ziele des Explosionsschutzes zu erreichen
  - gefährdete Bereiche wurden in Zonen eingeteilt
  - Bei der Erfüllung dieser Pflichten kann auf bereits erstellte und damit auf vorhandene Explosionsgefährdungsbeurteilungen, Dokumente oder andere gleichwertige Berichte zurückgegriffen werden
- Der Arbeitgeber hat die Beschäftigten nach § 12 des Arbeitsschutzgesetzes zu unterweisen. Hierzu sind entsprechend der Gefährdung Betriebsanweisungen für die Arbeitsmittel vorzuhalten.

6.7 Berufsgenossenschaftliche Vorschriften

Es gibt einige 100 BG-Vorgaben, die primär den Arbeitsschutz betreffen. Jeder ist gehalten, sich bei seiner Berufsgenossenschaft (ggf. sind das mehrere bei großen Unternehmen mit unterschiedlichen Bereichen) zu erkundigen, welche der Vorschriften besonders wichtig sind und umgesetzt werden müssen. Brandschutztechnisch sind besonders relevant die BGV A 1(vor allem auch aus dem Blickwinkel „Brandschutz" die besonders wichtige Grundvorschrift), die BGR 133 (Handfeuerlöscher), BGR 104 (EX-Schutz) sowie die BGR 560 (Brandschutz). Die BG-Vorgaben sind eingeteilt in: A (Allgemeines), B (Einwirkungen), C (Betriebsart, Tätigkeit) und D (Arbeitsplatz/-verfahren); daneben gibt es BGR-Vorschriften (Arbeitsregeln). Neben den genannten Vorschriften sind folgende brandschutztechnisch besonders wichtig:

- BGV A 2 Fachkräfte für Arbeitssicherheit und Betriebsärzte
- BGV A 4 Medizinische Vorsorge
- BGV A 8 Kennzeichnungen
- BGV B 11 Elektromagnetische Felder
- BGV C 1 Veranstaltungsräume
- BGV C 22 Bauarbeiten
- BGR 132 Elektrostatik
- BGI 560 Arbeitssicherheit durch vorbeugenden Brandschutz
- BGI 562 Merkblatt: Brandschutz
- BGI 663 Merkblatt: Brandschutz bei Schweiß- und Schneidarbeiten
- BGV D 1 Feuerbefährliche Arbeiten

Die in jedem Unternehmen gültige BGV A 1 fordert u. a.:

- Arbeiten Dritte im Unternehmen, muss es einen weisungsbefugten Koordinator geben, damit es nicht zu einer gegenseitigen Gefährdung (Arbeits- und Brandschutz) kommt
- Es muss Sicherheitsbeauftragte geben
- Sicherheitstechnische Mängel sind unverzüglich zu beseitigen
- Verkehrswege wie notwendige Flure und Treppen sind jederzeit freizuhalten
- Gefährliche Arbeiten dürfen nur qualifizierte Personen durchführen
- Sicherheitseinrichtungen müssen funktionieren
- Leichtentzündliche Stoffe sind am Arbeitsplatz zu minimieren
- Es muss Feuerlöscher geben
- Ölgetränkte Putzmittel sind in dicht schließenden, nichtbrennbaren Behältern aufzubewahren
- Die Bildung und Zündung von explosionsfähiger Atmosphäre ist zu verhindern
- u. a. m.

6.8 Verordnung zur Verhütung von Bränden

Diese Verordnung ist vom Innenministerium in München für das Bundesland Bayern herausgegeben. Insofern gilt sie für das Bundesland, unabhängig ob in Betrieben, in der Freizeit beim Sport oder zu Hause. Einige dieser Vorgaben finden sich auch in anderen, deutschlandweit geltenden Vorschriften; unabhängig davon machen die nachfolgenden Punkte, die einen kleinen Auszug aus der VVB darstellen, natürlich überall Sinn:

- Brände müssen gemeldet werden
- Wenn es zumutbar ist, so sind Brände zu löschen
- Von Feuerstätten darf weder in Gebäuden (Abstand zu brennbaren Stoffen, ggf. in eigenen Räumen), noch im Freien (Mindestabstände) keine Brandgefahr ausgehen
- Aschentonnen müssen dicht und geschlossen sein
- Zündhölzer dürfen an Kinder unter 12 Jahre nicht verkauft werden
- An feuergefährlichen Stellen gilt Rauchverbot
- Von Zigarettenglut darf keine Brandgefahr ausgehen
- Zu trocknende Kleidung darf kein Feuer begünstigen
- Für Elektrogeräte, die brandgefährlich sind, gelten besondere Vorsichtsmaßnahmen
- Die Zündquelle Verbrennungsmotor darf keinen Brand auslösen können
- Es gelten besondere vorbeugende und abwehrende Brandschutzmaßnahmen, um Brände bei feuergefährlichen Arbeiten zu vermeiden
- Brennstoffe sind brandsicher aufzubewahren
- In Fluchtwegen dürfen keine entzündbaren Gegenstände abgestellt werden

- Freilager beliebiger brennbarer Stoffe dürfen ein Volumen von 3.000 m^3 nicht überschreiten
- Für Bauernhöfe gelten besondere Schutzmaßnahmen
- Öl- und fettgetränkte Lumpen dürfen nicht in konventionelle Abfallbehälter geworfen werden
- Für Düngemittel mit Ammoniumsalzen gelten besondere Schutzvorschriften
- Wer gasgefüllte Ballone aufsteigen lässt, muss sich an diverse Vorschriften halten
- Partyräume sind nur mit bestimmten brandschutztechnisch klassifizierten Materialien auszuschmücken
- Brände in Dachräumen sollen durch Vorgaben aus der Verordnung vermieden werden
- Rettungswege sind jederzeit freizuhalten, unabhängig vom Brandverhalten der Gegenstände
- u. a. m.

6.9 Technische Regeln und Normen

Es gibt eine Vielzahl von Technischen Regeln, Richtlinien und Normen; diese können herangezogen werden, um den Stand der Technik zu dokumentieren, deshalb empfiehlt es sich, sie zu kennen und einzuhalten – oder die Sicherheit anderweitig, aber gleichwertig gewährleisten zu können. Es ist der Trend in der deutschen Gesetzgebung festzustellen, absolute Vorgaben gegen Schutzziele und vage formulierte Aussagen auszutauschen; dies mag im Einzelfall von Vorteil sein, es lässt natürlich andererseits mehr Unsicherheit, Auslegung und Graubereiche zu. So gibt es z. B. seit Januar 2008 die BGV A 3 nicht mehr, die exakte Regelungen für die Überprüfung von mobilen und immobilen elektrischen und elektronischen Anlagen und Geräten fordert; dafür treten Technische Regeln Betriebssicherheit (z. B. TRBS 2131). Fachkräfte der Elektrotechnik kennen diese und wissen, welche Anlagen und Geräte mit welcher Tiefe und in welchen Abständen zu prüfen sind und was zu dokumentieren ist.

Zu vielen weiteren Themen wie brennbare Flüssigkeiten und Gasen gibt es ebenfalls Technische Regeln. Im Internet finden sich weitere Hinweise zu vielen weiteren Normen, eine kleine Auswahl besonders interessanter (aus brandschutztechnischer Betrachtungsweise) folgt hier:

- DIN 4102, Brandverhalten von Baustoffen und Bauteilen
- DIN VDE 0105 regelt u. a., in welchen Abständen beleuchtete Ausgangsschilder aufgehängt sein müssen
- DIN 18225 regelt Vorschriften zu Industriebauten und Verkehrswege
- DIN 18095, Rauchschutztüren (nicht in jedem Bundesland eingeführt)
- DIN 18234, Baulicher Brandschutz im Industriebau

- DIN 14650, Nichtautomatische Brandmelder
- DIN 14651, Nichtautomatische Brandmelder in trockenen Räumen
- DIN 14652, Nichtautomatische Brandmelder im Freien
- DIN 67510 Nachleuchtende Fluchtwegkennzeichnungen
- DIN 14678, Nichtautomatische Brandmelder in EX-gefährlichen Bereichen
- DIN 18082, Feuerschutzabschlüsse
- DIN 14090, Flächen für die Feuerwehr
- DIN VDE 0833, Gefahrenmeldeanlagen
- DIN VDE 0804, Fernmeldetechnik
- DIN EN 41003/VDE 0804, Besondere Sicherheitsanforderungen an Kommunikationsgeräte
- DIN 14675, Aufbau Brandmeldeanlage
- DIN 14461, Wandhydranten
- DIN EN 671-1, Ortsfeste Löschanlage
- DIN 14462-2, Trockene Steigleitungen
- DIN EN 14155, Löschdecken
- DIN EN 416-1, Gas-Heizstrahler
- DIN 18232, Maschineller Rauchabzug
- DIN VDE 0100, Starkstrom bis 1.000 Volt
- DIN VDE 0165, Elektrische Anlagen in EX-Bereichen
- DIN VDE 0510, Batterie- und Akkuanlagen
- DIN 12925, Sicherheitsschränke für Gefahrstoffe
- DIN 14096, Brandschutzordnung
- DIN VDE 0185, Blitzschutzanlage (vgl. nachfolgendes Foto)
- DIN 14095, Pläne für die Feuerwehr
- u. v. a. m.

Diese Blitzfangstang schützt das Oberlicht vor direktem Blitzeinschlag

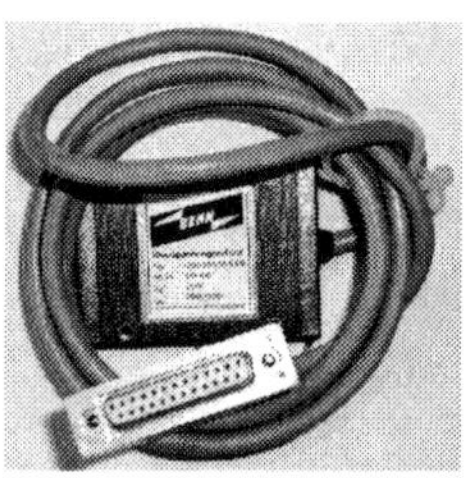

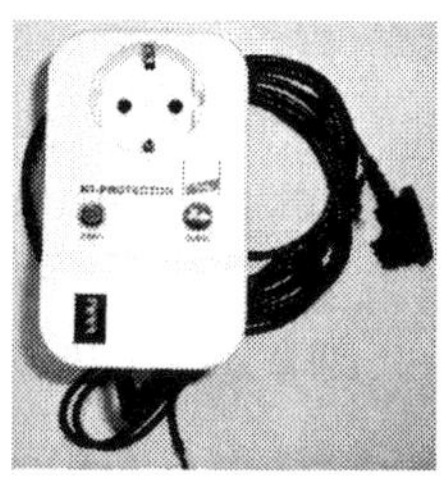

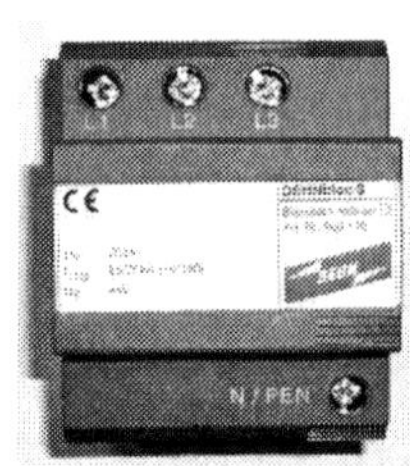

Sowohl Datenleitungen (linkes Bild), als auch Stromleitungen (rechtes Bild) können mit Überspannungs-Schutzeinrichtungen versehen werden und für TV-Geräte, Radios und Telefongeräte (mittleres Bild) gibt es auch Schutzeinrichtungen für beide Leitungen gleichzeitig

6.10 Pläne für die Feuerwehr

Wie es der Titel schon sagt, diese Pläne sind ausschließlich für die Feuerwehr gedacht und zwar für Löscheinsätze. Die Feuerwehr soll möglichst schnell und umfassend informiert werden über die architektonischen Gegebenheiten auf den oft unübersichtlichen Firmenarealen, über spezifische Gefahren und über die Lage brandschutztechnischer Einrichtungen. Dazu gibt es die DIN 14095, die hierzu empfehlende Vorgaben macht. Bevor man Pläne nach dieser DIN erstellen lässt, sollte man sich bei der zuständigen Feuerwehr (bzw. der Haupt-Feuerwehr, wenn mehrere Wehren im Brandfall vor Ort löschen) darüber detailliert erkundigen, wie diese Pläne auszusehen haben. Die DIN 14095 lässt nämlich einen Spielraum und gibt an vielen Stellen mehrere Möglichkeiten, wie solche Pläne auszusehen haben. Man stelle sich einen Kommandanten der Feuerwehr vor, der für vielleicht 300 oder mehr Unternehmen zuständig ist und der das erste mal, nämlich wenn es brennt, bei einem dieser Unternehmen vor Ort ist. Nun ist es von großem Vorteil, wenn er sich zügig und eindeutig informieren kann und dazu ist es sinnvoll, wenn alle Firmen ihre Pläne nach einem einheitlichen Strickmuster erstellen (lassen). Feuerwehrpläne enthalten alle feuerwehrrelevanten Angaben über das jeweilige Einsatzobjekt. Er enthält z. B.:

- Grundrisse der einzelnen Gebäude
- Angabe über alle über- und unterirdischen Etagen
- Vorhandene Werkstrassen
- Gebäudezu- und -ausgänge
- Brandmeldeanlagen, Lage der Zentralen (Feuerwehrlaufkarten)
- Standorte der Hydranten (Überflur- und Unterflurhydranten, Wandhydranten)

- Ortsfeste Löschanlagen mit Angabe der jeweiligen Löschmittel
- Sammelplätze für die Mitarbeiter
- Absperrvorrichtungen für Gas
- Besondere Gefahren wie Gaslager, Flüssigkeitslager, gesundheitsgefährliche Stoffe
- Bereiche, wo das Löschen mit Wasser nutzlos oder gefährlich sind
- u. a. m.

Dabei gibt es lt. DIN unterschiedliche Vorgaben über ein quadratisches Raster, das über die Pläne gezeichnet wird und ob die Pläne der Anfahrtrichtung nach ausgelegt sein sollen, oder ob sie genordet sind. Besondere Gefahrenschwerpunkte (gefährliche Stoffe, technische Einrichtungen, etc.) einerseits und Sicherheitseinrichtungen andererseits (Rauch- und Wärmeabzugsanlagen, Notabschalteinrichtungen, etc.) sind deutlich eingezeichnet, damit Einsatzkräfte darüber informiert sind und schnell, richtig und damit effektiv reagieren zu können.

6.11 Versicherungsrechtliche Bestimmungen

Ob privat oder als Unternehmen sollte man grundsätzlich existenzbedrohende Risiken versichern, im Vergleich zu möglichen, aber eben noch individuell bezahlbaren Schäden. Für Privatpersonen mag diese Grenze bei 1.000 oder 5.000 € liegen, bei Unternehmen bei vielleicht 50.000 € oder bei 15 Mio. €. Somit wird schnell klar, dass man besonders durch drei unterschiedliche Gefahrenarten ruiniert werden kann und diesen Ruin kann man durch entsprechende Versicherungsverträge abhalten: Erstens Feuer, zweitens Haftpflichtforderungen und drittens Naturereignisse. Hier beschränken wir uns auf die Feuerschäden und das sind die direkten Schäden ebenso wie die Kosten durch Betriebsunterbrechung, bedingt durch ein Feuer. Unterschiedliche Unternehmensarten müssen unterschiedlich hohe Prämien zahlen und diese sind wiederum unterschiedlich, je nach den getroffenen brandschutztechnischen Vorsorgemaßnahmen. Die Kriterien für die Feuerversicherung sind:

- Eine brandschutztechnisch gesehen harmlose Unternehmensart begünstigt die Einstufung in eine günstige Risikokategorie; so ist eine Schreinerei grundsätzlich immer kritischer als eine Schmiede, ein Energieverteiler ist brandgefährlicher als ein Wasserkraftwerk usw.
- Keine oder wenig Gründe für Zuschläge auf die Ausgangsprämie (z. B. besondere Gefährdungen, gefahrerhöhende Umstände, kritische Nachbarschaft u. a. m.)
- Viel Sicherheitstechnik wurde realisiert (d. h. man erhält Rabatte), z. B. Brandmeldeanlagen, Brandlöschanlagen, Werkfeuerwehr, keine brennbaren Gebäudebestandteile, Brandwände, diverse organisatorische Maßnahmen usw.
- Friedliche, harmlose Gegend
- Solide Finanzen eines Unternehmens bedeuten solides, si-

cheres Unternehmen

- Man hat Selbstbehalte je Schadenfall eingeführt; das bedeutet, dass das Unternehmen mehr am Brandschutz interessiert ist, denn die ersten x € jedes Schadens (z. B. 25.000,- €, 250.000,- € oder auch 5 Mio. €) werden nicht beglichen; somit müssen verwaltungstechnisch gesehen aufwändige Kleinschäden nicht reguliert werden und das Unternehmen hat ein besonderes Interesse, dass es nicht zu Brandschäden kommt
- Es gibt keine Vorschäden
- Das PML (= probable maximum loss, also der GAU: Größter anzunehmender Unfall/Verlust) ist nicht identisch mit der Versicherungssumme (sondern kleiner) und die Relation des PML zum EML (estimated maximum loss) ist günstig: Bei PML-Überlegungen wird unterstellt, dass vorhandene Sicherheitstechnik (Brandwände, Sprinkleranlagen, Feuerwehr) nicht funktioniert und man berechnet, wie groß der Schaden ist – indes wird bei EML-Überlegungen davon ausgegangen, dass alle vorhandene Sicherheitstechnik funktioniert. Wenn PML = EML, dann ist das grundsätzlich negativ, ist hier eine Relation von vielleicht 1 : 10, so ist das günstig
- Es gibt kaum eine Tarifunterschreitung, d. h. es wird die marktgerechte Prämie gezahlt; wenn aus wettbewerbstechnischen Gründen ein Unternehmen nur z. B. 60 % der kalkulierten Prämie zahlt und dann einen größeren Schaden abrechnet, so ist der Wille des Versicherers, so einen Vertrag fortzusetzen, meist gering

Wichtig ist, dass die Unternehmen, allen voran die für Brandschutz zuständigen Personen sowie die Kaufleute mit Versicherungen gut zusammenarbeiten; dazu muss man einen oder mehrere Kontaktpersonen, Partner, persönlich kennen. Kontakte sind zu suchen und zu pflegen, bei brandschutztechnischen Fragen ist der Versicherer als kompetenter Partner hinzuzuziehen.

Die Unternehmen müssen die jeweils geltenden Bedingungen kennen, um sich nach Schäden nicht aus juristisch korrekten Gründen mit der Weigerung der Schadenbegleichung konfrontiert zu sehen. Wenn es individuelle Absprachen gibt, so muss man diese immer schriftlich bestätigt haben. Versicherer schließen Verträge mit Unternehmen und deshalb dürfen sie Vorgaben und Auflagen machen. Es ist juristisch gesehen eine Holschuld der Versicherungsnehmer, sich diese Auflagen und Vorgaben zu holen und diese zu realisieren, es ist keine Bringschuld der Versicherungen. Versicherer dürfen zur Beurteilung von Unternehmen diese begehen.

Es gibt eine Vielzahl von versicherungsrechtlichen Bestimmungen, die pauschal und allgemein produktspezifisch bzw. unternehmensartbedingt Gültigkeit haben oder auch firmenindividuell ausgehandelt worden ist. Hier ist man gehalten, seine Feuerversicherungen (Sachschäden und Betriebsunterbrechungsschäden) zu befragen oder in den Verträgen nachzulesen (Achtung: Alle Nachträge beachten). Hier soll in diesem Unterkapitel lediglich darauf hingewiesen werden, welche brandschutztechnischen Bestimmungen der Verband der Schadenversicherer (VdS e. V.) in Deutschland empfiehlt und was die wesentlichen Inhalte der Allgemeinen Sicherheitsvorgaben der Feuerversicherungen sind. Viele Versicherer haben dies als Bestandteil der Vertragsgrundlage. Nachfolgend ein nur kleiner Auszug aus den möglichen VdS-Blättern:

- VdS 2007 Schutz von IT-Anlagen
- VdS 2000 Brandschutz im Betrieb
- VdS 2009 Brandschutzmanagement
- VdS 2213 Brandschutzausbildung
- VdS 2030 Brandschutzplan
- VdS 2001 Handfeuerlöscher

- VdS 2038 ASF (Allgemeine Sicherheitsvorschriften der Feuerversicherungen)
- VdS 2021 Brandschutz bei Bauarbeiten
- VdS 2047 + VdS 2008 Feuerarbeiten
- VdS 2556 Schutz verfahrenstechnischer Anlagen
- VdS 2234 Brand- und Komplextrennwände
- VdS 2302 + VdS 2324 Niedervoltbeleuchtung
- VdS 2031 Blitz-/Überspannungsschutz
- VdS 2015 Elektrogeräte und Einrichtungen
- VdS 2217 Umgang mit kalten Brandstellen
- VdS 2259 Ladegeräte für Elektrogeräte
- VdS 2025 Kabel- und Leitungsanlagen
- VdS 2298 Lüftungsanlagen
- VdS 2569 Überspannungsschutz für EDV
- VdS 2217 Umgang mit kalten Brandstellen
- VdS 2093 CO2-Löschanlagen
- VdS 2304 Einrichtungsschutz für Elektronik
- VdS 2095 Brandmeldeanlagen
- VdS 2098 Rauch-/Wärmeabzugsanlagen
- VdS 2333 Sicherungsrichtlinien
- VdS 2534 Einbruchhemmende Fassaden
- VdS 2450 Wertschutzschränke
- VdS 2311 Einbruchmeldeanlagen

Die Allgemeinen Sicherheitsvorschriften der Feuerversicherer (ASF) fordern allgemein gültige Punkte, die den Brandschutz in allen Arten von Unternehmen betreffen, hier wird insbesondere vorgegeben:

- Neben den gesetzlichen Vorschriften (z. B. die Landesbauordnung sowie die sonstigen brandschutztechnischen Gesetze und Bestimmungen) und den behördlichen Vorschriften (hierunter fallen insbesondere die Bestimmungen der Berufsgenossenschaften) gelten die in der ASF aufgeführten Punkte als Vertragsbestandteil

- Der Versicherungsschutz ist bei Verstößen gefährdet, wenn die Verstöße kausal die Ursache für den Brandschaden oder für eine Brandschadenvergrößerung waren
- Die Sicherheitsvorschriften sind den vorgesetzten Personen bekannt zu geben; ein Auszug aus der ASF (das ist eine Seite mit stichpunktartigen Forderungen) ist im Unternehmen auszuhängen und darüber hinaus ist der Inhalt der ASF allen bekannt zu machen (ggf. in der Landessprache)
- Brandschutztüren müssen gewartet werden; sie dürfen nicht verbotenerweise aufgehalten sein; zugelassene Aufhaltesysteme sind genehmigt, wenn diese erstens im Brandfall selbstschließend sind und zweitens nach Arbeitsende geschlossen werden
- Packmaterial ist in nichtbrennbaren Behältern zu lagern
- Es muss Raucherzonen geben sowie eigene Abfallbehälter dafür (nichtbrennbar, geschlossen, 24 Stunden dort aufbewahrt)
- Ölige Lumpen müssen getrennt entsorgt werden in nichtbrennbaren und dicht schließenden Behältern
- Bei jeder Art von Heißarbeiten gilt, dass diese nur ein Fachmann durchführen darf und dass es dafür einen Erlaubnisschein gibt
- Grundsätzlich gilt, dass brennbare Flüssigkeiten und Gase zu meiden sind
- Packmaterial ist in eigenen Räumen zu lagern
- Private Elektrogeräte müssen genehmigt werden, es ist der Aufstellort vorzugeben und sie müssen regelmäßig gewartet werden
- Abfälle sind arbeitstäglich zu entfernen

- Staub ist immer dann zu entfernen, wenn er brand- und/oder explosionsgefährlich werden kann (d. h. ab Ablagerungen von > 1 mm)
- Alle Elektroanlagen müssen nach den VDE-Bestimmungen ausgelegt sein
- Abfälle sind brandsicher zu lagern; d. h., dass brennender Abfall Gebäude und deren Inhalte nicht gefährden dürfen (ausgenommen den Müllraum)
- Es muss jeweils geeignete Feuerlöscher geben, die einerseits effektiv löschen und andererseits keine unverhältnismäßig großen Löschmittelschäden anrichten
- Es muss eine Brandschutzordnung und/oder eine Feuerlöschordnung geben
- Es gilt ein absolutes Rauchverbot in allen feuergefährdeten Bereichen
- Es muss eine Kontrolle durch einen verantwortlichen Mitarbeiter nach Arbeitsschluss geben, der das Unternehmen ganz allgemein auf gefahrdrohende Umstände überprüft; weiter muss er evtl. noch offene Brandschutztüren schließen, nicht benötigte elektrische Geräte (Produktionsmaschinen, EDV-Geräte, Bildschirme, Kaffeemaschinen, Kopierer usw.) ausschalten, die korrekte Abfallentsorgung kontrollieren und besonders an Reparaturstellen aufpassen, dass hier keine Feuergefahr mehr besteht
- u. a. m.

7 Brandsicherheit in Gebäuden gewähren

Brandschutz bezieht sich primär auf Gebäude. Brennende Fahrzeuge oder Naturbrände sollen hier nicht Gegenstand der Betrachtung sein. In Gebäuden sind Menschenleben und oft erhebliche Sachwerte gefährdet durch Brände und Brandrauch. Deshalb will dieses Buch auf Brände in Gebäuden eingehen: Wie organisiert man ein Brandschutzkonzept, warum brennt es hauptsächlich, was kann man präventiv dagegen tun, welche individuellen Gefahren gibt es in unterschiedlich genutzten Gebäudearten usw.

7.1 Grundsätzliches Herangehen

Es ist schon mal ein wesentlicher Schritt, dass man sich über brandschutzrelevante Dinge im präventiven und auch kurativen Bereich informiert, sich damit auseinandersetzt. Die Tatsache, dass Sie dieses Buch gekauft und bis hierher gelesen haben zeigt, dass Sie sich ernsthaft mit dem Brandschutz beschäftigen. Damit ist schon mal das Bewusstsein, das Interesse vorhanden und durch die vorangegangenen Kapitel sind auch schon viele allgemeinen Informationen und Tipps in die eine oder andere Richtung gegeben worden: Sei es, dass man sich Löscher besorgt, mit Elektrogeräten besonders vorsichtig umgeht, sich um einen zweiten Fluchtweg kümmert, Versicherungsschutz abschließt oder den baulichen Brandschutz besser realisiert.

Zum einen überlegt man sich, welche Zündquellen es in einem Gebäude oder einem Bereich geben kann und erfasst diese quantitativ. Danach folgt eine qualitative Einschätzung dieser Zündquellen. Da man als Einzelperson mit dieser Aufgabe meist überfordert ist und Dinge vergisst, sollte dies eine Gruppe von mehreren Personen machen und diese Personen sollten aus unterschiedlichen beruflichen Richtungen kommen – denn ein Elektriker, ein Kaufmann, eine Sicherheitsfachkraft oder ein Lagerarbeiter, jeder hat seine Berufserfahrungen, seinen eigenen Blickwinkel. Bei der Beurteilung werden objektive Dinge wie Kaffeemaschinen, Lötkolben, Trafos, die gesamte Verfahrenstechnik usw. ebenso berücksichtigt wie subjektive Dinge; darunter fallen fahrlässige Verhaltensweisen der Mitarbeiter, die Qualifikation der Mitarbeiter, deren Sensibilisierung bzw. Sensibilisierbarkeit ebenso wie die Berücksichtigung von vorsätzlichem Verhalten (Brandstiftung). Die Brandstiftungswahrscheinlichkeit wiederum teilt sich in die Taten von Mitarbeitern, entlassenen Mitarbeitern und von völlig betriebsfremden Personen und man muss die Entflammbarkeit im Unternehmen, die Feuerausbreitungsgeschwindigkeit dabei berücksichtigen und andererseits auch die getroffenen Gegenmaßnahmen (Einbruchschutz, Werkschutz, Brandwände, ...).

Soweit zu den möglichen Zündquellen. Nun brennt es ja nicht, wenn man eine Kippe auf den Steinboden wirft oder einen Gasbrenner an eine Gipskartonwand hält. Es müssen ausreichend hohe Zündquellen vorhanden sein, die lange genug einwirken können und dann müssen eben auch ausreichend viele Brandlasten vorhanden sein. Deshalb wiederholt sich nun die eben gestellte Aufgabe, nur wird jetzt nicht eine Liste mit Zündquellen aufgestellt, sondern eine Liste mit allen Brandlasten. Auch hier muss eine Wertung stattfinden, d. h. sind sie normal-, leicht- oder schwerentflammbar. Weiter ist zu berücksichtigen, ob sie im Brandfall ein Feuer aktiv unterstützen können und da sind Brandlasten im oberen Bereich eines Gebäudes aufgrund der Wärmeverteilung kritischer zu sehen als z. B. der schwerentflammbare Teppichbodenbelag. Auch sind gekapselte Brandlasten in nichtbrennbaren Metallschränken weniger kritisch zu sehen als offen herum liegende. Die absolute Anzahl der Brandlasten ist ebenfalls von Bedeutung, denn ein Feuer breitet sich anders aus, wenn viele Brandlasten vorhanden sind – andernfalls geht es vielleicht von selber wieder aus.

Bei den baulichen Brandlasten ist besonders auf Isolationsmaterialien in Wänden sowie im oberen Dach- und Deckenbereich zu achten. Hier ist erstens ein Löschen oft schwierig bis unmöglich und somit entsteht aufgrund des Feuers und/oder auch der Löscharbeiten häufig ein Totalschaden eines Gebäudes. Daraus resultieren wesentlich höhere direkte und indirekte Kosten durch die Betriebsunterbrechung und den durch das Feuer verursachten nun nötigen Abriss und Neubau. Wenn man nun also die Brandlasten und Zündquellen erfasst und beurteilt hat, muss man hieraus konkrete Maßnahmen ableiten. Diese können u. a. sein:

- Installation von Brandmelde- bzw. Brandlöschanlagen
- Anschaffung von durchwurfhemmenden Fenstergläsern
- Installation einer Einbruchmeldeanlage
- Anschaffung von versperrbaren Metallschränken
- Aufteilung der Brandlasten in unterschiedliche Bereiche
- Errichtung von feuerbeständigen Räumen
- Einbau von feuerhemmenden Türen
- Trennung von Brandlasten und Zündquellen
- Aufstellen einer Betriebsschutztruppe (Werkschutz)
- Substituierung von Stoffen und/oder Anlagen/Geräten
- Unterweisung von Mitarbeitern

Soweit allgemein sinnvolle Maßnahmen; die Unterkapitel vom Kapitel Nr. 7.4 gehen auf bestimmte Unternehmensbereiche und –arten besonders, individuell ein.

7.2 Hauptursachen für Brände

Es gibt viele Stellen und Institutionen, die über unterschiedlich lange Zeiträume Brandursachen erfassen und relativieren. Einerseits ist für manche Personengruppen die Entstehungswahrscheinlichkeit interessant, andererseits aber für die betrieblichen Praktiker die Schadenhöhen. Es bringt wenig, wenn man auf zwei Kommastellen genau erfährt, welche Brände im Punkt A zu suchen sind usw. Zum einen stimmen solche Statistiken immer nur für Teilbereiche, zum anderen nutzt diese Angabe nichts. Versicherungen, Feuerwehren, Verbände, staatliche Institutionen usw. führen Statistiken, und hier widersprechen sich auch die Aussagen nicht selten. Deshalb ist es wesentlich sinnvoller zu wissen, was denn nun die 3 oder 5 oder 10 Hauptursachen für Brände sind, denn dann kann man ableiten, was man präventiv dagegen tun kann.

Die häufigsten Ursachen für Brände sind nach den Auswertungen vieler Statistiken, wobei die ersten beiden Punkte einen besonders großen Anteil haben und mit den 2 - 3 nachfolgenden Punkten schon über 90 % ausmachen:

- Brandstiftung
- Menschliches Fehlverhalten, oft bedingt durch fehlende Unterweisung/Kontrolle
- Offenes Feuer, feuergefährliche Arbeiten (vgl. die beiden nachfolgenden Fotos)
- Elektrizität, elektrische/elektronische Geräte und Anlagen
- Direkter, insbesondere aber indirekter Blitzschlag
- Explosionen
- Überhitzungen
- Selbstentzündungen

Finden feuergefährliche Arbeiten an dafür ständig vorgesehenen Stellen statt wie in beiden Fotos oben, so ist kein Erlaubnisschein nötig; dann müssen aber vor Ort die Bedingungen korrekt sein, d. h. es darf keine Brandgefahr bestehen

Die fehlende Erst- und Folgeunterweisungen sind oft die direkten Ursachen für Arbeitsunfälle und Brände. Daraus resultiert ein unsachgemäßes Verhalten der Mitarbeiter, gepaart mit Sorglosigkeit und Desinteresse. Manche meinen auch, für die Beseitigung brandgefährlicher Situationen seinen andere zuständig (Vorgesetzte, Brandschutzbeauftragter) und sie wissen nichts über ihre eigene Zuständigkeit und Verantwortung. Viele Mitarbeiter gehen auch, bewusst und/oder unbewusst, Risiken ein oder bringen ihr Unternehmen in brandgefährliche Situationen. Dies durch so scheinbar harmlose Dinge wie das Aufkeilen einer Brandschutztür, das nicht erfolgte Abschalten des Heizlüfters, das Nichtentfernen von Abfall, die Vertuschung brandgefährlicher Situationen oder das falsche Verhalten im Brandfall.

Solche Brände entstehen eigentlich überall, also in Produktionshallen, Dachstühlen, Kellerbereichen, Lagern, Technikräumen, Silos, Bunkern, Büros, Abscheidern, Trocknern, Förderanlagen, Poliermaschinen usw. Man sieht, dass dem organisatorischen Brandschutz eine besondere Bedeutung zufällt. Nur wenn die Menschen informiert und sensibilisiert sind, werden sie sich auch brandschutzgerecht verhalten.

7.3 Mitarbeiter unterweisen und motivieren

Verschiedene Bestimmungen (BGV A 1, Arbeitsschutzgesetz, Arbeitssicherheitsgesetz, Betriebssicherheitsverordnung u. a. m.) fordern, dass man ausschließlich befähigte, unterwiesene Personen an Arbeitsplätzen einsetzt: Je größer die Gefahr, umso besser muss eine dort arbeitende Person unterwiesen und ausgebildet sein. Diese Sensibilisierung muss arbeitsplatzspezifisch erfolgen: So sind Kantinenmitarbeiter auf die besondere Verletzungs- und Brandgefahr mit Friteusen und Pfannen hinzuweisen und auf die Gefahren, wenn man bei Bränden Wasser einsetzt; EDV-Mitarbeitern wird man die Gefährlichkeit des Löschmittels Pulver für die Elektronik erklären sowie das korrekte Verhalten im Rechenzentrum; Lagerarbeiter müssen wissen, dass Radios, Zigaretten, Kühlschränke, Kaffeemaschinen, Folienschweißgeräte oder Ladestationen besondere Brandgefahren darstellen, usw.

Jeder Mitarbeiter ist mindestens einmal jährlich durch eine Unterweisung in Richtung Arbeitsschutz, Brandschutz und ggf. auch Umweltschutz und Strahlenschutz zu unterweisen. Diese Unterweisung muss personenbezogen mit Praxisbezug sein. Vorgesetzte sind besonders auf ihre Fürsorgepflicht hinzuweisen, die auch eine Kontrolle von sicherheitstechnischen Maßnahmen und das Einhalten solcher Vorgaben beinhaltet. Nicht sensibilisierbare und somit sich falsch/gefährdend verhaltende Mitarbeiter sind erneut zu schulen, ggf. braucht man höhere disziplinarische Schritte.

Je informativer, praxisgerechter, lockerer und verständlicher man solche Schulungen macht, umso mehr werden sie akzeptiert. Wer schulmeisterhaft wie in den 60er Jahren üblich doziert, wird wenig Akzeptanz erhalten. Wer jedoch auf Augenhöhe der Zuhörer interessant und nicht arrogant, lebhaft und nicht einschläfernd berichtet und dazu auch Schauobjekte zeigt, Schadenschilderungen erzählt und Kurzvideos positiver oder negativer Art mittels Beamer vorzeigt und zugleich auch Diskussionen und Fragen zulässt, der wird Erfolge verzeichnen. Die referierende Person braucht Akzeptanz bei den Zuhörern und es ist auch gut, wenn man hier abwechselnd andere Personen sprechen lässt. Möglich wäre, dass die Fachkraft für Arbeitsschutz eine Schulung hält, dann der Brandschutzbeauftragte, ein Vertreter der Feuerwehr, ein Mitarbeiter der Feuerversicherung, ein Beamter der Berufsgenossenschaft, ein Brandschutzingenieur usw. All diese Personen haben ein unterschiedliches berufliches Herkommen und werden die Thematik „Brandschutz" unterschiedlich beleuchten. Somit wird über Jahre für informative, interessante Schulungen gesorgt.

Man muss vermitteln, dass Brandschutz auch Personenschutz ist und somit alle betrifft; schließlich geht es ja auch um den Erhalt von Arbeitsplätzen. Weiter muss man auch klar vermitteln, dass zu sorgloses Verhalten oder Desinteresse auch strafrechtlich einzelne Personen treffen kann.

Junge Mitarbeiter verursachen häufig Brände, weil sie nicht über Gefahren informiert wurden; ältere Mitarbeiter verursachen häufig Brände, weil sie seit vielen Jahren keine Brände erlebt haben und die Brandgefahr deshalb unterschätzen. Beides ist verständlich, aber bei beiden Personengruppen muss man entsprechend gegensteuern.

7.4 Betriebsbegehungen: Auf was ist zu achten?

Die nachfolgenden Unterkapitel gehen kurz auf die besondere Brandgefahr unterschiedlicher Bereiche ein. Dabei erhebt dieses kleine Grundlagenbuch keinen Anspruch auf Vollständigkeit; es soll vielmehr ein Gedankenanstoß sein, damit man diese Listen selber weiter nach Brandursachen individuell ergänzt.

Es sind meist triviale und grundlegende Dinge, die zu elementaren Schäden führen und demzufolge kann man mit simplen, trivialen Maßnahmen häufig Brände verhindern. Um Brandschutz effektiv zu betreiben, genügt häufig bereits ein gesunder Menschenverstand, gepaart mit Erfahrungswerten und etwas Fachwissen.

7.4.1 In Büros

Büros enthalten meist relativ viele Brandlasten: Papier, Möbel, Strom- und Datenleitungen in den abgehängten Decken und Teppichböden. Soweit zu den Brandlasten, die hier grundsätzlich nicht zu minimieren sind. Gleichzeitig sind hier relativ überschaubar wenig Zündquellen vorhanden: Strom und daran angeschlossene Elektrogeräte sind neben der latenten Gefahr einer Brandstiftung die Hauptzündquellen. Gegen Brandstiftung wird man oft wenig unternehmen können, jedoch ist zu beachten, dass nicht wenige Einbrecher vorsätzlich Brände legen – sei es aus Wut/ Rache, oder um Spuren zu verwischen. Wer jetzt 1 l Spiritus zu Reinigungszwecke bereit hält, der hat verloren, denn damit ist ein Büro schnell entzündet und das Feuer wird sich ausbreiten. Man muss nicht davon ausgehen, dass der Einbrecher flüssige Brandbeschleuniger mitnimmt, also sorgt man dafür, dass weder Zündhölzer und Feuerzeuge, noch solche Flüssigkeiten leicht aufzufinden sind.

Auf Fensterbänken stellt man auch keine Sprühdosen ab, denn durch Sonneneinstrahlung können diese beschädigt werden und Brände auslösen. Besonders wichtig ist in Büros, dass man nicht benötigte Elektrogeräte ausschaltet, im Idealfall auch aussteckt oder anderswie stromlos schaltet. Und brennende Kerzen, jährlich die Ursache für viele 1.000 Brände mit weit über 100 Mio. € Schadenvolumen, muss man ständig beobachten oder in Büros gänzlich verbieten.

Billige Elektrogeräte sind brandgefährlicher als hochwertige und Mitarbeiter sollen private Elektrogeräte nicht in Büros mitnehmen. Alle Elektrogeräte sind in Listen zu erfassen, mindestens einmal jährlich zu überprüfen und das Unternehmen gibt auch die Aufstellorte vor. Abluftöffnungen (Kühlschrank) dürfen nicht verstellt werden. Heizlüfter sind besondere Brandgefahren in Büros und nach Betriebsende nicht abgeschaltete Elektrogeräte ebenfalls.

7.4.2 In Produktionsstätten

Durchlaufende Geräte und Brandstiftung sind die Hauptbrandursache in Produktionsstätten. Deshalb ist auf guten Einbruchschutz (sind alle Ausgänge und Fenster auch sicher zu?) ebenso zu achten wie auf die Forderung der Feuerversicherungen, nach Betriebsende den Strom abzuschalten. Besonders an Stellen, wo es feuergefährliche Arbeiten und Reparaturarbeiten gegeben hat, besteht noch für Stunden danach eine Brandgefahr. Deshalb muss es nach solchen Arbeiten ausreichend lange eine Brandwache geben, z. B. 2 oder 4 Stunden lang; solche Arbeiten sollte man deshalb nicht kurz vor Betriebsende, sondern möglichst am frühen Nachmittag beenden – dann ist noch ausreichend lange jemand anwesend, um auf den Brandschutz zu achten.

Besonders brandgefährlich wird es, wenn man sog. Geisterschichten (d. h. Maschinen produzieren ohne Anwesenheit von Personal) einführt. Hierüber ist erstens der Versicherer zu informieren und zweitens soll man bestimmte Maßnahmen treffen, um die Brandentstehungswahrscheinlichkeit und die Brandausbreitungswahrscheinlichkeit zu minimieren: Brandlasten minimieren, Brandmelder installieren, Brandlöschanlage anbringen, den betroffenen Bereich feuerbeständig abtrennen usw.

7.4.3 In Lager- und Kommissionierungsbereichen

In Lagern sind die größten Brandgefahren Brandstiftung und Strom. Meist sind erhebliche Werte in Lagern konzentriert, was nicht vermeidbar ist – diese Tatsache ist negativ. Andererseits sind hier nur wenige Zündquellen und in Lagern braucht man auch nicht unbedingt Fenster – diese Tatsachen sind positiv. Wenn man erstens eine einbruchhemmende Fassade (primär die Türen und Tore) an Lagergebäuden anbringt und keine Fenster hat, so ist die Brandstiftungsgefahr von außen gering. Wenn man zweitens sicher dafür sorgt, dass der Strom außerhalb der Anwesenheit von Mitarbeitern in der arbeitsfreien Zeit keine Brände auslösen kann, dann ist die Brandgefahr praktisch bei Null. Da man jedoch die elektrisch betriebenen Gabelstapler in dieser arbeitsfreien Zeit lädt, ist hier eine latente und hohe Brandgefahr. Deshalb ist es besonders wichtig, dass diese Bereiche brandschutztechnisch baulich abgetrennt sind und im Brandfall außer diesen Geräten und deren Raum kein weiterer Schaden auftritt.

Tagsüber ist es wichtig, dass in Lagern nicht geraucht wird und dass Personen, die nicht in das Lager gehören, auch nicht zutreten können (weder Fremde noch Mitarbeiter aus anderen Abteilungen).

Im Bereich der Kommissionierung ist die besondere Gefahr

durch das fahrlässige Verhalten der dort beschäftigten Personen und dies insbesondere dann, wenn es keine effektiven Löschmöglichkeiten gibt oder wenn diese Personen gerade in der Kantine sind. Hier kommt es durch privat aufgestellte Kühlschränke, Radios und Kaffeemaschinen ebenso zu Bränden wie durch achtlos weggelegte Zigaretten oder den falschen Umgang mit Folienschweißgeräten. Wenn jetzt noch zu viele Brandlasten vorhanden sind und zu wenige Feuerlöscher, so ist ein Feuer nicht mehr aufzuhalten.

7.4.4 Bei der Lagerung brennbarer Feststoffe

Feste Stoffe werden meist in eigenen Lagergebäuden bzw. -bereichen gelagert; schwerentflammbare und wenig empfindliche Gegenstände wie Wasserrohre auch im Freien. Es ist darauf zu achten, dass es keine weiteren Aktivitäten in diesem Lager gibt und das ist die (verbotene) Lagerung von brennbaren Flüssigkeiten in größeren Mengen ebenso wie die (ebenfalls verbotene) Lagerung von brennbaren Gasen und von sonstigen Gasflaschen. „Weitere Aktivitäten“ können Be- und Verarbeitung, Technikbereiche wie das Aufstellen von Kompressoren oder Werkbänken für die Haustechniker sein.

Sind brennbare Gegenstände wie z. B. auch Holzpaletten im Freien gelagert, so sollten sie außerhalb der Wurfweite von Brandsätzen vom Zaun entfernt sein. Unternehmen ohne Einzäunung sollten auf die Freilagerung gänzlich verzichten. Solche Gegenstände sollen auch von Gebäuden so weit entfernt sein, dass ein Brandüberschlag unmöglich wird und dass auch keine sog. Brandbrücken zwischen Gebäuden geschaffen werden. Grundsätzlich gilt in Lagerräumen:

- In geschlossenen Schränken sind brennbare Gegenstände

grundsätzlich besser als in offenen Regalen

- Nichtbrennbare und verschlossene Schränke sind brennbaren und unverschlossenen vorzuziehen
- Oben im Raum ist die Brandgefahr höher als weiter unten
- Bei größere Mengen sollte es immer ein eigenes Lager geben
- Brandlasten sind von Zündquellen entfernt zu lagern
- Es sollen keine Akkuladegeräte in Regalen stehen
- Ggf. sind nichtbrennbare Lagerbehälter möglich und brennbaren vorzuziehen; besonders problematisch sind doppelwandige Kunststoffboxen im Brandfall (sog. KLT-Behälter)

7.4.5 Bei der Lagerung brennbarer Flüssigkeiten

Die Gefahr brennbarer Flüssigkeiten ist die Fähigkeit, explosionsfähige Dämpfe erzeugen zu können; diese sind immer, unabhängig von der brennbaren Flüssigkeit, schwerer als Luft und sammeln sich am Boden, nie unter der Decke (wie manche brennbaren Gase). Brennbare Flüssigkeiten müssen nach den Technischen Regeln für brennbare Flüssigkeiten und für Gefahrstoffe in eigenen Räumlichkeiten gelagert sein. Das bedeutet, dass hier keine Arbeitsprozesse stattfinden, keine Geräte oder Kompressoren aufgestellt sind und auch weder brennbare Feststoffe, noch Gasflaschen gelagert sind.

Brennbare Dämpfe können immer entstehen und schnell ist die untere Explosionsgrenze erreicht. Deshalb muss man zum einen zur schnellen, latenten Absaugung im Bodenbereich sorgen und zum anderen eine mögliche Zündung vermeiden. Die Absaugung muss die Dämpfe im Bodenbereich absaugen und möglichst hoch über Dach ans Freie abgeben; die gesamte Absauganlage darf keine Zündquelle darstellen und sie soll oder muss auch bei Stromausfall funktionieren. Hier in diese Lagerbereiche dürfen ausschließlich besonders unterwiesene Personen, die sach- und fachkundig sind; der Zugang ist effektiv für andere Personen zu unterbinden.

Brennbare Flüssigkeiten sollen in feuerbeständigen, eigenen Räumen gelagert sein; die Bereiche sind zu kennzeichnen. Das Lagern am Arbeitsplatz ist nur in zugelassenen Schränken erlaubt (F 90, Entlüftung, Volumen max. 1 m^3) und nicht außerhalb im Arbeitsraum, im Flur, im Dachstuhl, im Keller (da die Dämpfe schwerer als Luft sind), im Treppenraum oder im Freien in Durchgängen zu Gebäuden. Es ist immer nur maximal der Schichtbedarf am Arbeitsplatz vorhanden und man hält hierfür geeignete Feuerlöscher bereit. Die Lagerräume werden in unterschiedliche Explosionszonen eingeteilt: Findet lediglich eine reine Lagerung statt in die EX-Zone 2; wird im Lagerraum auch umgefüllt, fällt er in die EX-Zone 1. In beiden Zonen herrscht Rauchverbot, das Betreten ist zu verbieten und dieses Verbot ist ausgeschildert und die Lagerzugangstüren sind verschlossen. Die Gefahren (Brand-/Explosionsgefahr) sind auszuschildern und in der Zone 1 sind ausschließlich explosionsgeschützte Elektrogeräte und Elektroanlagen installiert (Rührer, Lampen, Schalter, ...). Wer sich hiermit tiefer beschäftigen will oder muss, soll sich die entsprechenden TRbF und die BGV A 1 besorgen.

7.4.6 Bei der Lagerung von Gasen

Brennbare Gase können leichter oder schwerer als Luft sein oder nahezu identisch im Gewicht. Man muss lediglich wissen, dass Luft knapp 30 Atomgewichtseinheiten wiegt und nun benötigt man die chemische Formel für das jeweilige Gas. So kann man errechnen, dass Wasserstoff (H_2) ca. 15-mal so leicht ist wie Luft und Methan (CH_4) etwa halb so schwer wie Luft. Diese Gase werden sich also schnell nach oben begeben und im Deckenbereich sammeln und dort sind sie auch abzusaugen. Anders ist das mit den sog. Flüssiggasen Propan (C_3H_8) und Butan (C_4H_{10}), diese Gase sind ca. 1,5-mal bzw. 2-mal schwerer als Luft und fallen nach unten, d. h. diese muss man unten absaugen und aus dem Raum bringen; gibt es Öffnungen im Boden oder gelangen diese Gase in den Flur, so fallen sie über Treppen in unten liegende Etagen.

Das hochgefährliche und darüber hinaus auch noch brennbare und nicht riechende Gas Kohlenmonoxid (CO) wiegt nahezu so viel wie Luft, d. h. es verteilt sich fast homogen in einem Raum.

Bei brennbaren Flüssigkeiten kann man sich darauf verlassen, dass deren Dämpfe schwerer sind als Luft – bei brennbaren Gasen kann das so sein, oder es ist eben anders. Entsprechend sind die Absaugvorrichtungen anzubringen. Ideal ist die Lagerung von brennbaren Gasen im Freien und zwar in sicherem Abstand von Gebäuden. Man sollte möglichst eine von der Straße nicht einsehbare Stelle wählen, um potentielle Brandstifter nicht auf kriminelle Ideen zu bringen. Überall gilt, dass die Gasflaschen gegen Umfallen zu schützen sind, denn sonst können sie bersten und herum fliegende Trümmer gefährden Menschenleben.

Auch hier gilt, dass die Gefahren (Feuer, Explosion) auszuschildern sind und es muss auch ausgeschilderte Verbote (Feuer, Rauchen, Betreten) geben. Der Zugang ist zu verwehren. Die Lagerung von Gasflaschen findet heute in Sicherheitsschränken für Druckgasflaschen nach EN 14470-2 (G 15, G 30, G 60, G 90) statt und die Lagerbereiche sind nicht anderweitig genutzt. In Lagerräumen sind ggf. Gassensoren angebracht und, je nach den Inhalten des Explosionsschutzdokuments braucht man auch eine EX-geschützte Stromanlage. Die baulichen Gegebenheiten ähneln den bereits aufgeführten Punkten: Feuerbeständige Räume, hier müssen jedoch die Türen nach außen aufschlagen und es werden meist keine Brandschutztüren gefordert. Die Lagerung findet ausschließlich im Freien oder in Räumen statt, die ausschließlich vom Freien aus und nicht von Gebäuden aus zugänglich sind. Nicht erlaubt ist die Lagerung im Keller, wenn dieser tiefer als 1,5 m unterhalb der Oberfläche vor dem Gebäude seinen Fußboden hat oder im Dachraum, in Fluren, Treppenräumen oder Arbeitsräumen. Lagert man in Räumen, braucht man eine permanente Be-/Entlüftung. Lagert man im Freien, wäre es ideal, die Flaschen hinter einem Erdwall zu lagern, um im Falle einer Explosion die Druckwelle und herum fliegende Metallteile vom Gebäude abzuhalten.

7.4.7 In Wohnhäusern und Wohnbereichen

Die Hauptgefahr bei Wohnungsbränden ist ein Brandausbruch während man schläft; dann wird man durch den tödlich gefährlichen Rauch nämlich nicht geweckt, sondern bewusstlos und dann erstickt. Der Sachschutz ist bei Wohnungsbränden somit sekundärer Natur. Allerdings breiten sich Wohnungsbrände meist so schnell aus, dass ein Totalschaden entsteht und das bedeutet für die Betroffenen immer große private, ggf. auch finanzielle Sorgen und Probleme. Man stelle sich vor, dass alles durch ein Feuer vernichtet wird, was man besitzt und dass auch alle Unterlagen, Versicherungspolicen, Dokumente usw. ein Raub der Flammen werden.

Hieraus wird deutlich, wie wichtig der Brandschutz zu Hause ist. Um Menschen zu warnen, wenn es nachts brennt – und das ist relativ häufig, soll oder muss (je nach Bundesland gibt die Bauordnung andere Vorgaben) man Rauchmelder installiert haben: Diese müssen in jedem Schlafraum, in deren Vorräumen und in Kinderspielräumen an möglichst oberster Stelle montiert und funktionsbereit sein. Somit wird man nachts rechtzeitig geweckt, weil der heiße und leichte Rauch sich von oben nach unten ausbreitet. Diese Rauchmelder kosten nur wenige € pro Stück, man sollte solche mit VdS-Zulassung wählen. Es gibt auch funkvernetzte Melder: Geht einer los, piepsen auch die anderen in der Wohnung/im Haus. Lediglich in der Küche sollte man keine solchen Rauchmelder installieren, weil hier Wasserdampf zu Fehlauslösungen führen würde. Aber auch im Wohnzimmer und im Elternschlafzimmer (mögliche Zündquelle: Radiowecker) sollten Rauchmelder installiert sein.

Darüber hinaus ist es nicht gefordert, Feuerlöscher zu Hause zu haben. Dennoch macht dies Sinn, um einen Entstehungsbrand (Adventkranz, Weihnachtsbaum, Tischengedeck, Küche, ...) umgehend selber löschen zu können. Ist ein Brand entstanden und hat man keinen Feuerlöscher, muss man warten, bis die Feuerwehr vor Ort ist – dies kann über 10 Minuten dauern und in dieser langen Zeitspanne wird sich das Feuer ausgebreitet haben. Von Räumen, in denen es brennt, sollte man die Zugangstür schließen und möglichst noch die Fenster (ohne Eigengefährdung) öffnen: Damit können heißer Rauch und explosive Pyrolysegase abziehen und die Brandausbreitungsgefahr wird geringer.

Welchen Feuerlöscher sollte man sich für zu Hause anschaffen? Möglichst einen Aufladelöscher mit einer wässrigen Lösung, die auch für Fettbrände zugelassen ist, einen Schaumlöscher oder einen Fettbrandlöscher. Nicht sinnvoll ist das Bereitstellen von ABC-Pulverlöschern, denn das Löschmittel richtet einen unverhältnismäßig großen Löschmittelschaden an. Hat man einen Kohlendioxid-Löscher, so ist dieser zur Glutbekämpfung nicht geeignet. Ebenfalls möglich wäre eine Pflanzenspritze, die man im Baumarkt kauft: Bei dieser füllt man Wasser ein und baut durch eine Pumpbewegung den Druck selber auf. Mittels des Sprühstabs kann man Wasser fein ausbringen und ebenfalls gut ein kleineres Feuer löschen. Dies ist eine sehr preiswerte und effektive Art der Brandbekämpfung und so ein Löschgerät muss auch nicht, wie ein Feuerlöscher, regelmäßig gewartet werden, um sicher funktionsfähig zu sein.

Grundsätzlich legt man nie, auch nicht kurzfristig etwas auf die Herdplatten. Abluftschlitze von Kühlschrank oder Fernsehgerät werden immer offen und möglichst staubfrei gehalten. Verlässt man die Wohnung, sorgt man dafür, dass keine Elektrogeräte aktiviert sind: Waschmaschine, Spülmaschine, Wäschetrockner, TV-Gerät, PC, Heizlüfter, Herd und Ofen. Am Sicherungskasten sind nicht leichtentflammbare Gegenstände aufgehängt oder angelehnt, Kerzen sind nie unbeobachtet und brennbare Flüssigkeiten (Benzin, Pinselreiniger, Lacke, Spiritus) sollte man möglichst überhaupt nicht bereit stellen. Im Hobbykeller achtet man ebenfalls auf mögliche Zündquellen und Brandlasten. Raucher rauchen bitte nie im Bett und Zigarettenreste bleiben über Nacht in einem nichtbrennbaren und geschlossenen Behälter, damit man die Zigarettenasche am nächsten Tag in die Mülltonne entsorgen kann (aus Gründen des Umweltschutzes bitte nicht in die Toiletten).

Zum Brandschutz zu Hause gehört neben diesen Dingen auch ein sicherheitsbewusster Umgang mit Gegenständen wie Raclette oder Fondue und ein korrektes Verhalten bei Feiern und dazu zählt, dass man sich selber durch Alkohol nicht außerhalb der Zurechnungsfähigkeit bringt.

8 Schlussworte und Zusammenfassung

Es gibt eine Loseblattsammlung mit 4 Bänden und einigen 1.000 Seiten, die sich ausschließlich mit baulichem Brandschutz beschäftigen. Der Verein zur Förderung des Deutschen Brandschutzes hat mehr als 20 Aktenordner mit Brandschutzvorgaben zusammen gestellt. Damit soll gesagt sein: Brandschutz ist eine eigenständige Wissenschaft mit nahezu unendlich vielen Facetten und Teilbereichen und je mehr mal hier einsteigt, umso mehr entdeckt man, was es noch zu wissen gäbe. Dieses Buch mit nicht mal 230 Seiten kann deshalb nur einige kleine, aber wichtige Teilbereiche des Brandschutzes beleuchten und sensibilisieren, informieren. Zu fast allen hier aufgeführten Kapiteln und Unterkapiteln gäbe es noch wesentlich mehr zu schreiben.

Dennoch liegt hier eine homogene Zusammenstellung von vielen unterschiedlichen Teilaspekten des Brandschutzes vor: Gesetzliche Bestimmungen, Bauvorschriften und Praxistipps. Brandschutz muss ein Teil unseres Unterbewussten sein: Wenn wir ein Gebäude betreten, sollten wir auf Fluchtmöglichkeiten und Feuerlöscher achten. Wenn wir arbeiten, sollten wir überlegen, ob wir zündfähige Stoffe freisetzen oder Zündenergien bereit halten. Wenn wir einen uns bekannten Bereich betreten oder verlassen sollten wir überlegen, wie wir uns jetzt brandschutzgerecht verhalten. Das allein würde wohl über 80 % aller Brände nicht entstehen lassen. Es liegt an uns, Vorgaben zu kennen, einzuhalten und andere in unserem persönlichen (beruflichen wie privaten) Umfeld darüber zu informieren. Mit dem einleitenden Satz soll dieses Buch enden:

Brandschutz ist nicht alles. Aber ohne Brandschutz ist alles nichts.

Brandverhütung und Brandschutz geht alle Menschen an, denn jeder kann Brände unbeabsichtigt, aber fahrlässig verursachen oder in brandgefährliche Situationen geraten. Dabei ist es einerseits wichtig bestimmte Vorschriften zu kennen, um solch gefährliche Situationen überhaupt nicht entstehen zu lassen. Andererseits ist es wichtig zu wissen, wie man sich im Brandfall verhält, um sich und andere Menschen nicht unnötig in zusätzliche Gefahr zu bringen und um das Feuer möglichst schnell gelöscht zu bekommen.

Dieses Buch richtet sich an alle Personen, die sich über das korrekte, präventive Verhalten informieren wollen, um Brände zu verhüten ebenso wie an Personen, die über die verschiedenen Verhaltensweisen bei oder nach Bränden informiert werden wollen.

Der Autor ist ein international bekannter und anerkannter Brandschutzingenieur mit großer Publikationserfahrung, der aus einer über 20-jährigen Praxis berichtet und viele Gesetzesvorgaben verständlich vorstellt. Es ist nicht relevant, welches Vorwissen bei der Leserschaft besteht, denn das Buch ist für den Laien ebenso informativ und verständlich wie für diejenigen Personen, die ihr Grundwissen auffrischen und vertiefen wollen.